吴　兵　郭丽琢
李江龙　高玉红　　著

旱地胡麻地膜覆盖
增产原理与技术

U0247924

中国农业科学技术出版社

图书在版编目（CIP）数据

旱地胡麻地膜覆盖增产原理与技术／吴兵等著.—北京：
中国农业科学技术出版社，2020.3
　ISBN 978-7-5116-4143-4

　Ⅰ.①旱…　Ⅱ.①吴…　Ⅲ.①旱地-胡麻-高产栽培-
栽培技术　Ⅳ.①S565.9

中国版本图书馆 CIP 数据核字（2019）第 072103 号

责任编辑　　崔改泵
责任校对　　马广洋

出 版 者　中国农业科学技术出版社
　　　　　　北京市中关村南大街 12 号　邮编：100081
电　　话　（010）82109194(编辑室)　　（010）82109702(发行部)
　　　　　　（010）82109709(读者服务部)
传　　真　（010）82106650
网　　址　http://www.castp.cn
经 销 者　各地新华书店
印 刷 者　北京建宏印刷有限公司
开　　本　710mm×1 000mm　1/16
印　　张　12
字　　数　162 千字
版　　次　2020 年 3 月第 1 版　2020 年 3 月第 1 次印刷
定　　价　50.00 元

前　言

　　胡麻（*Linum usitatissimum* L.），俗称油用亚麻或油纤兼用亚麻，是一种世界温带地区广泛种植的古老油料作物。近年来，随着世界油料作物种植格局不断变化，起初，为了收获种子并将生产纤维作为副产品的胡麻，因其籽油中高含量的 α-亚麻酸（ALA）这一区别于其他油料作物的独特之处，使其在工业、人类食品及动物饲料利用等方面备受关注，随之而来的产出同供给不足间的矛盾日益凸显。我国胡麻年均收获面积、年均总产量和年均单产分别为 $32.3 \times 10^4\ hm^2$、$35.9 \times 10^4\ t$、$1\ 116.1\ kg \cdot hm^{-2}$，尽管均居于世界前列，但目前仍为世界胡麻籽进口第二大国。因此，麻类作物研究者在孜孜以求高产、抗逆、优质胡麻新品种的同时，在当前绿色农业可持续发展的背景下，改进种植方式、优化种植体系、加深理论创新研究等也是人们不断关注的焦点问题。

　　在中国北方干旱半干旱区，随着地膜的普及应用，"白色污染"问题日益凸显，针对北方胡麻主产区——甘肃省"全膜双垄沟播玉米"大面积推广后残留田间旧地膜的再利用问题和适宜新型生物降解膜的选择实际，结合胡麻产量低而不稳的生产现状，研究不同类型地膜的覆盖利用，对当前生态安全和循环农业发展具有重要的理论和实践意义。本项目在国家胡麻产业体系和国家自然科学基金的资助下，围绕胡麻的地膜类型、覆盖利用方式及不同覆盖物利用开展了相关的理论与技术研究。本书简要阐述了不同覆盖物利用下农田生态效应和作物的生长发育研究进展，总结了不同旧膜再利用方式及生物降解膜调控下的作物农艺生理代谢及产量构成；从当年全膜双垄沟播玉米收获后残留旧膜的循环利用出发，论述分析了旱地胡麻生长发育状况、灌浆特征、生理生态特性、土壤水热变化特征、籽粒产量及水分利用效率等，总结了常规地膜、生物降解膜配合无机有机氮肥施用后胡麻同化物积累、水分氮素高效利用及产量构成等特征，以期为旧膜利用多样化、适宜生物降解膜的选择及旱地胡麻高产栽培技术提供理论依据和技术支持，期冀为农业科研工作者、农业推广人员和胡麻生产者提供一定的参考。本书在编写过程中也引用了众多科学家的研究成果，再次表示诚挚的感谢！

在研究开展和本书编写过程中，得到了甘肃农业大学牛俊义教授、方子森教授及甘肃省农业科学院党占海研究员、张建平研究员、赵利研究员的指导和帮助，定西市农业科学院陈永军研究员、令鹏副研究员、陈英副研究员、马伟明副研究员以及李瑛老师、赵永伟老师、李文珍老师和张彩霞老师等在试验过程中提供了大量的协助，本课题组剡斌、崔政军、张中凯、王一帆、郭建斌、魏子尧等做了大量工作，故本书是所有参研人员共同劳动和智慧的结晶，在此一并致谢。

限于笔者学术水平有限，疏漏与不当之处在所难免，敬请各位专家学者和读者批评指正。

作　者

2020 年 1 月

目　　录

1 绪　　论

1.1　农田覆盖栽培的意义

农田覆盖作为一项历史悠久的作物栽培技术，在占全世界耕地36.4%的旱地农业生产中具有十分重要的地位。国内外对土层、砂石、秸秆、塑料薄膜和化学覆盖物等覆盖方式、覆盖栽培技术等及覆盖后对土壤环境、对作物生长发育及增产效果的研究和应用情况都有相应的研究，其中，伴随着 20 世纪 50 年代初塑料工业兴起而出现的地膜覆盖栽培技术可谓"一枝独秀"。自 1955 年日本首次研究塑料薄膜覆盖农田地面后，该项技术迅速在世界各国多种作物中大面积推广应用，迄今在世界上已成为应用面积最广、行之有效的农田覆盖栽培技术。中国自 1978 年引进塑料薄膜以来，每年以 15%~20% 的速度扩大面积，目前已在全国 30 多个省市区的 40 多种农作物上大面积推广应用。经过 30 年的开发应用研究，形成了具有中国特色的地膜覆盖栽培技术体系，引起了一场农业生产上的"白色革命"[1]。多年来全国各地对不同作物地膜覆盖方式、地膜覆盖效应、增产效应等进行深入细致的研究。研究表明，地膜覆盖有明显减少蒸发、增加土壤含水量、提高地温、抑制杂草、增加土壤有益微生物数量的作用，增产效果显著。特别是地膜覆盖的增温效应，带动了各地长生育期作物和品种的推广，如冬小麦种植带北移，玉米种植区向高寒区拓宽等，改变了种植结构，作物产量和效益实现大幅度提高。目前，我国已经成为世界上地膜覆盖栽培作物面积最大的国家[2]。

地处黄土高原旱作农业区的甘肃省，旱地面积 239.1 万 hm²，约占其耕地面积的 70%[3,4]，大部分旱作地区分布在陇东、陇中部黄土高原区，自然降水极其贫乏，有效水资源紧缺。干旱的农业生态条件令地膜覆盖栽培技术一经推广，迅速在全省各地大面积普及。随着地膜覆盖栽培作物面积的不断扩大，农田残膜污染问题日益严重，由于地膜多为聚氯乙烯和聚乙烯膜，具有很好的物理、化学和生物稳定性[5]，在自然条件下不易降解，且回收率低，大量残留积累在土壤中，形成持久性"白色污染"，对农业可持续发展构成严重威胁，已引起国内外学者的高度重视[6,7]。已有研究认为，农田残留地膜对土壤环境有较大影响，可使土壤容重增加、土壤水分移动速度减慢；作物生长发育及产量也受到严重影响[8-11]。同时，残膜在农田和周边环境中随风飘移，在河流、水渠中漂流或沉积，不仅会产生景观上的"视觉污染"，破坏自然景观，还会污染水体。残膜混入作物籽实、秸秆、藤蔓中，会危害牲畜，或造成副产品不可用而浪费。若在农田中燃烧或掩埋残膜，还会造成严重的二次污染。虽然也有可降解地膜供选择利用，但由于其使用成本高，一直不易于推广普及。可预见在未来相当长时间内普通地膜仍是主要的覆盖材料，所以"白色污染"在我国农业生产中将会愈来愈严重。因此，农田旧膜的再次利用被开始关注[12]，近年来利用地膜玉米的残留地膜在春小麦、胡麻、谷子、糜子、豌豆等作物种植上取得了成功，多集中在作物栽培技术及增产效应方面[13-15]，而对旧膜覆盖后农田水分、温度时空变化、密肥调控、作物光合同化、生理特性及产量构成等的综合研究较少[16]。

此外，由于地膜覆盖显著的增温效果，会导致作物生育后期根系早衰的现象，因苗期生长过旺、土壤水肥消耗过快，以及后期降水不足等原因，也会导致生长后期严重缺水。因此，若地膜覆盖技术应用不当，长期连续或全程覆膜会导致水分利用效率下降甚至减产[17]。发展可降解地膜能够较好地解决普通地膜污染及其覆盖导致的早衰问题[18]，并提高土壤的保温保墒效果。王星等[19]通过对比三种生物降解地膜和一种普通地膜的应用效果时发现，生物降解膜和普通地膜的保水、保温和增产效果基本相同，且不同生物降解地膜间的差异不显著。而也有研究表明，生物降解地膜在提高叶绿素含量和叶片净光合速率及延缓叶片衰老方面优于普通地膜处理[20]。刘延超等[21]的研究结果也表明，渗水降解地膜和普通地膜都具有促进大豆生长发育和提高产量的作用，渗水降解地膜覆盖的大豆长势优于普通地膜，增产效果明显。此外，严昌荣等研究认为，降解地膜的降解时间可控性差，破裂时间过早，覆盖时间远低于作物地膜覆盖安全期，增温保墒性能弱于普通地膜，对作物的生长发育和产量形成造成一定的影响[22]。严昌荣等通过综合分析国内的可降解地膜应用情况后得出，华北和西南地区生物降解地膜的适宜性要高于西北地区，尤其是西北内陆地区，对生物降解地膜要求相对较高。可见，可降解地膜的应用效果因地膜的成分、厚度及应用地区的环境条件和作物种类等而异，需进行针对性的试验研究为其推广应用奠定基础。因此，探讨旧膜利用及不同地膜类型影响下的农田生态效应及作物增产机理，对实现农业生产的节本增效和减污具有重要理论价值和实践意义。

胡麻是油用亚麻的俗称，是我国五大油料作物之一，主要分布在甘肃、河北、新疆维吾尔自治区、内蒙古自治区、山西、宁夏回族自治区、青海等省区[23]，其中甘肃的收获面积和总产量均居全国首位，也是甘肃省的主要油料作物，年种植面积在 12 万 hm² 左右，占全省油料作物总面积的 50%[24]。由于其具有较强的耐寒、耐瘠薄、抗旱、适应性广等特性，在农业生产中具有其他作物不可替代的作用，也是主产区重要经济来源之一。胡麻籽富含 α-亚麻酸[25,26]、多种不饱和脂肪酸、膳食纤维等多种对人体健康有益的营养成分，是公认的优质、特色、多功能油料作物[27]。胡麻籽的主要成分是油脂和蛋白质，其中人体必需的不饱和脂肪酸含量高达60%，此外还含有非淀粉多糖、不溶性纤维和维生素等多种营养成分。籽粒榨油后的饼粕含蛋白质 23%～33%，残存油分 8.6%以上，故胡麻油渣亦是营养极高的天然饲料，是饲料来源的首选。胡麻除供给人们食用油外，其油脂经过聚合反应制得的聚合油，可用于调节油墨的光泽和干燥性；胡麻纤维的优点突出，明显体现在强度大、吸水散水快、伸缩度小、导电性小等。亚麻制品具有很好的舒适性，穿着亚麻织物容易入睡，且睡眠质量高，醒后能保持心情愉悦和提高工作效率。由于亚麻籽还含有木酚素、植物多酚、植物甾醇等多种功能性的保健成分，其在医药、食品和化妆品等行业的应用上也极为广泛[28]。随着亚麻籽功能性成分应用价值的全面开发及其提取、加工工艺技术的日臻完善，亚麻产业必将迎来新一轮的高速发展。我国亚麻籽求大于供，多半需要从国外进口，如美国、加拿大等。预计我国未来几年亚麻油生产将会大幅度提高，油用之外的亚麻籽加工业发展速度也将显著提升[28]。因此，提高国内的亚麻籽产量势在必行。特别是近年来，随着市场的拉动，胡麻种植面积不断扩大，种植效益不断提升，已逐步成为农民调整种植结构的重要作物[29,30]。然而胡麻产量低而不稳一直是阻碍其种植业发展的首要障碍，随着胡麻籽油市场的需求增长及农民种植结构的调整，迫切需要改进种植技术、培育高产优质品种。

胡麻主产区的西北干旱半干旱地区，地力瘠薄[31]，限制了对有效水分的充分利用，水肥的综合制约，使得胡麻产量低而不稳。合理的肥料运筹可提高水分的利用率和肥料利用效率，也是旱区胡麻生产的关键措施之一。胡麻是一种需肥较多而又不耐高氮的作物[32]，合理施用氮肥尤为重要。有机肥替代化学氮肥，不仅可以减少化肥用量，缓解化肥对环境污染的影响[33]，改善土壤的水热状况[34]，还能提高根系活力，延缓根系的衰老。地膜覆盖栽培条件下还可以通过增施有机肥来缓解作物早衰现象[35]。有机肥替代化肥利于土壤质量的提高和农业的可持续发展。但旱区胡麻生产上，有机肥替代或部分替代化肥的施用效果，缺乏系统和深入的研究。

氮素是影响胡麻产量、质量的最主要营养元素之一。国内旱区胡麻生产上，覆膜和氮肥耦合，特别是与有机氮肥或有机无机氮肥配施的交互作用，相关研究报道较少。在关注地膜覆盖本身对土壤温度及水分利用影响的基础上，系统研究覆膜下有机无机氮肥配合施用的效果，特别是生物降解地膜覆盖下的施用效果，对于提升我国的胡麻产量品质和改善产区的生态环境具有重大意义。

鉴于上述情况，立足于胡麻这种经济效益较高、发展潜力较大的作物，本书拟将农业生产中由于广泛大量使用地膜所造成的"白色污染"问题和调整种植业结构重要作物相结合，通过深入研究旧膜、秸秆、新膜、覆土及不同类型生物降解膜作为覆盖物，探讨不同地膜利用方式调控后的农田生态效应及作物生理和产量效应，为利用农业废弃物作为农田覆盖物提供基础理论支撑，并为旱区生物可降解膜结合作物有机生产奠定技术基础。该研究还为进一步发展旧膜利用多样化，特别是对甘肃省农业科研工作者创新提出的"全膜覆盖+双垄+秋季（或顶凌）覆膜+沟播+免耕地膜重复利用"的降水高效利用集成技术体系提供相应理论基础[36]。因此，本研究成果在作物覆盖栽培、生态环境与资源保护以及社会的可持续发展等方面都具有一定的意义。

1.2 国内外相关研究进展

1.2.1 覆盖措施对土壤环境条件、作物生长及产量形成的影响和调控

我国农耕历史悠久，在长期与自然界斗争中形成了丰富多彩的农业耕作栽培体系。关于覆盖栽培的历史，在《齐民要术》卷三的《种胡荽》篇中有"十月足霜，乃收之。取子者，仍留根，间拔令稀，以草覆上"的记载，说明我国在 6 世纪中叶已有覆盖栽培[37]。此外，我国北方地区亦早在千余年前便有"耙耱耕作技术"，即土层覆盖技术的记载，以利于保墒增温。欧美各国采用覆盖措施也有三、四百年的历史，如利用砂、沥青纸、油纸、甘蔗渣、树叶、纸浆、残茬、秸秆等覆盖于农田土面。国外将覆盖技术同少免耕结合是从 20世纪中期逐渐发展并兴起[38]。自 20 世纪以来，农业覆盖技术深受世界各国重视，覆盖材料和技术迅速发展，应用面积不断扩大，为旱地农业持续发展发挥了重大作用[1]。传统覆盖农业在我国已经有悠久的历史，但由于传统覆盖材料的性质和来源的局限性，难以大面积推广应用，塑料薄膜作为覆盖材料在中国出现之后，使传统覆盖农业产生质的变化，给农业栽培技术带来重大变革，对我国传统农业技术也产生了深刻的影响，加速了我国传统农业向现代化农业发展的进程[39]。

1.2.1.1 覆盖措施对土壤温度、水分状况的影响和调控效应

土壤水分、温度是作物生长外部环境中的主要因子，水、温的变化表征土壤的水、热状况，不仅直接影响作物根系和幼苗的生长，还影响到近地面大气的水分、温热状况[40,41]，同时它在微观上对土壤水

分、土壤养分的迁移和转化都有着直接或间接的影响。旱作农业需水的唯一来源是自然降水，但有限的降水往往通过蒸散、径流等而大量损失，致使旱作农业旱上加旱，因此，田间蓄水保水是旱作农业发展的关键，通过不同的覆盖栽培措施，定向调节土壤环境中的水温变化，对作物生长发育及经济产量的形成具有重要的积极意义[42-45]。

（1）地膜覆盖

在干旱地区进行地膜覆盖，由于在土壤表面设置了一层不透气的膜，阻止了土壤水分的垂直蒸发，促进了水分的横向运移，可以有效保蓄土壤水分，减少蒸发，协调作物生长用水、需水矛盾，并且促进了对深层水分的利用。据韩思明等[41]在渭北旱原的研究报道，麦田夏闲期初起垄覆膜集水、沟内盖秸秆保墒的处理，夏闲期末 0 ~ 200 cm 土层的土壤蓄水量比平翻耕增加 63.2 mm，休闲期间的自然降水保蓄率比平翻耕提高 25.9%。膜侧沟播由于具有抑蒸、聚水、保水等作用，土壤水分状况优于膜上穴播，且有较好的增产作用。但在特别干旱的年份和半干旱偏旱区，无雨可聚，平膜穴播的增温、保水效果明显。而冬小麦地膜覆盖在越冬期，0 ~ 50 cm 土层贮水量膜侧沟播较对照高 14.1 mm，比膜上穴播高 6.1 mm；在收获期，0 ~ 2 m 贮水量膜侧沟播较对照高 23.6 mm，比膜上穴播高 20.6 mm[46]。地膜田间覆盖度尤其在作物生长前期，对土壤的棵间蒸发有较大的影响。地膜覆盖由 35% 提高到目前最大覆盖率 90%，其棵间蒸发减少了 51.8%，与裸地相比土壤棵间蒸发减少 74.6%。因此，在农作物封垄之前最好不要揭膜，以减少棵间土壤蒸发，增加作物有效蒸腾，但较高的田间覆盖度阻碍雨水蓄集和下渗作用[47]。贺志坚等[48]由地膜覆盖后水分动态研究认为，在极干旱年份，对土壤水分影响较大的层次为 0 ~ 100 cm 土层，100 ~ 200 cm 可被吸收利用的有效水分较少。在山西寿阳的试验表明，微集水处理的降水入渗深度比对照有所增加，0 ~ 200 cm 土层的蓄水量在玉米苗期、需水关键期和成熟收获期分别比对照增加 50.5 mm、13.7~58.6 mm、24.7 mm[49]。可以看出，地膜覆盖在作物生育期内能起到良好的蓄水抑蒸效果，但因全田覆盖比例、覆盖方式及土层深度等有所变化，同时，越冬期地膜持续利用后的"春旱冬抗"也是作物增产的一个有力保证。

地膜覆盖对土壤耕层温度影响明显，而耕层温度对作物根系生长影响较大。王树森等[50]从地膜物化性质对外界的水热反映认为，地膜的增温机制主要为：①地膜隔绝了土壤与外界的水分交换，抑制了潜热交换；②地膜减弱了土壤与外界的显热交换；③地膜及其表面附着的水层对长波反辐射有削弱作用，使夜间温度下降减缓。地膜覆盖促使作物充分利用丰富的光热资源，提高作物生育期间的积温。据对旱地地膜覆盖谷子的研究，苗期 0~15 cm 土层温度比露地净增 1.32~3 ℃，拔节期增温 0.3~1.1 ℃，全生育期增加积温 150~200 ℃·d[51]。薛亮[52]通过 2 年度间冬小麦田间试验发现，冬前覆盖田 5 cm 地温比对照高 1.2 ℃，冬后则比对照高 2.3 ℃，地温的提高使小麦的越冬期比露地栽培延迟 17 d，次年返青期提前 15 d。

对春性作物而言，早春低温可以影响种子的萌发和苗期的形态建成[53]，地膜覆盖通过消除土壤与外界的潜热和显热损失，减缓土壤温度的下降速率[54]，可以有效解决这一问题。王俊[55]等研究认为，春小麦地膜覆盖在播种后 30 d 可以增温 5 ℃以上，但后期的高温不利于作物对水分、养分的吸收利用，而后期随着作物覆盖度增高，增温作用下降，这种增温效应随着作物群体的变化而变化。胡明芳等[56]对棉花地膜覆盖研究的报道也证实了这一点，棉田地表窄膜或宽膜覆盖分别使生育前期（4月下旬至6月底）棉田土壤积温增加 105 ℃·d和 195 ℃·d，土层温度提高 0.7~3.2 ℃，但这种热效应随生育后期的到来而减弱，并随土层深度的增加而降低。

新地膜具有良好的保水增温促生长效果，而经一季作物利用后的旧膜，仍有显著的效用。史建国等[12]通过旧膜再利用对土壤温度和向日葵生育进程及产量的研究表明，在向日葵的生长前后期，旧膜对土壤增温作用的影响显著，新旧膜对向日葵各个生育阶段的增温作用均表现为：出苗期>现蕾期>收获期>始花期>终花期。整个生育期 5 cm 土层总积温，旧膜比露地高 229.5 ℃·d，低于新膜 101 ℃·d。旧膜比露地生育期缩短 5~6 d，差异显著，较新膜延长 2 d，差异不显著，其中对出苗期、现蕾期、收获期影响显著，对始花期、终花期影响不显著，新旧膜之间无显著差异。旧膜再利用栽培向日葵的产量较露地对照增产极显著，与新膜相比，无显著差异。亦有旧膜再利用后胡麻田水分的研究表明，全地膜覆盖作物收获后旧膜继续留至翌年，仍具有一定的保墒和增温效应，不同旧膜再利用方式的保墒效果主要表现在胡麻现蕾期前，保证了胡麻全苗、壮苗，且以春天揭旧膜覆新膜播种方式为优[56]。

（2）秸秆覆盖

秸秆覆盖栽培技术，是指将作物残茬秸秆、粪草、树叶等覆盖于土壤表面，可以起到蓄水、保水、保土、培肥、抑草、调温、少耕等多种功效的一种耕作栽培技术。在自然条件下，土壤表层受雨滴的直接冲击，土壤团粒结构被破坏，土壤孔隙度减小，形成不易透水透气、结构细密紧实的土壤表层，影响降水就地入渗。而在土壤表面覆盖一层秸秆，避免了降水对地表的直接冲击，团粒结构稳定，土壤疏松多孔，因而土壤的导水性强，降水就地入渗快，地表径流少。鲁向晖等[57]通过分析 3 种秸秆覆盖处理，对宁夏南部山区玉米休闲田土壤水分的垂直变差系数分析认为，传统无覆盖处理的土壤水分随深度的变化波动最为强烈，而整秸秆覆盖处理方式的土壤水分随深度的变化相对最弱；整个休闲期内土壤水分含量均以整秸秆覆盖处理最高，半秸秆覆盖次之，分别比传统无覆盖处理增加 2.68% 和 1.19%，两种秸秆覆盖方式可使 0~80 cm 土层的土壤蓄水能力对降水的敏感度提高；休闲期结束后，整秸秆覆盖处理的土壤水分贮存量（236.8 mm）

最高，半秸秆覆盖（224.1 mm）次之，传统无覆盖（208.45 mm）最低。赵聚宝等[58]认为，麦田冬前秸秆覆盖处理，全生育期土壤蓄水量较对照上升47.3 mm；春玉米田拔节初期秸秆覆盖处理，全生育期土壤蓄水量较CK增加69.3 mm；麦田夏闲期秸秆覆盖处理，土壤蓄水量较CK上升45.3 mm；春玉米田冬闲期秸秆覆盖处理，土壤蓄水量较CK增加45.2 mm。通过3 000 kg·hm^{-2}稻草覆盖冬小麦后的水分状况表明，无论是在雨后或干旱，稻草覆盖均较裸地含水率高，说明稻草覆盖于表土具有明显的保墒效果[59]。不仅能在降水过程中使土壤积蓄较多的水分，更重要的是干旱条件下能减少土壤水分蒸发。周凌云等[60]多年研究结果表明，冬小麦越冬至翌年拔节前期，麦田耗水以棵间土壤蒸发为主，由于覆盖保墒作用，抑制棵间土壤蒸发，小麦该生长阶段0~50 cm土层土壤水消耗强度由0.73 mm·d^{-1}降至0.35 mm·d^{-1}，覆盖抑制耗水量高达52.0%，使麦田土壤水分无效消耗减少26.1 mm，对小麦返青、拔节十分有利。小麦生长后期以叶面蒸腾为主，由于覆盖小麦长势茂盛，植株蒸腾量大，使麦田土壤水分消耗加快，覆盖秸秆有助于改善棵间土壤蒸发和叶面蒸腾间的耗水比例关系，但小麦的耗水总量减少并不显著。诸多研究证实，秸秆覆盖下，作物生育前期蒸散耗水比裸地少，中后期蒸散耗水比裸地多，全生育期总耗水量与裸地并无明显的差异，其意义就在于秸秆覆盖有调控土壤供水的作用，使作物苗期耗水减少，需水关键期耗水增加，农田水分供需状况趋于协调，从而提高水分利用效率。

秸秆覆盖不仅能对土壤水分进行有利调控，对光辐射吸收转化和热量传导也有影响[61]。秸秆覆盖在地表形成一层土壤与大气热交换的障碍层，既可阻止太阳直接辐射，也可减少土壤热量向大气中散发，同时还可有效地反射长波辐射。因此，秸秆覆盖下土壤温度年、日变化均趋缓和，低温时有"增温效应"，高温时又有"低温效应"，这种双重效应对作物生长十分有利，能有效地缓解气温激

变对作物的伤害。据周凌云等[60]3年研究结果，盖秸麦田比不盖秸
麦田冬季可提高耕层土壤（0~15 cm）地温0.5~2.5 ℃，有减轻小
麦冻害，降低死苗率，保证小麦安全越冬及促进小麦根系发育的作
用；小麦生育后期盖秸耕层土壤日均地温比未盖秸耕层土壤日均地
温低0.3~0.5 ℃，有利于防御干热风对小麦的危害，也有利于后续
作物（夏玉米）苗期的生长发育。同时，秸秆覆盖在春季有调节麦
田地温的滞后作用，可抗御"倒春寒"不利气候对小麦的危害，促
进小麦个体和群体的协调发育。据观测，覆盖小麦可提早3~6 d返
青，这种早发作用有益于提高小麦成穗率，延长小穗分化期和促进
小麦穗大粒多的作用。袁家富[62]指出，麦田覆盖稻草的调温作用随
覆盖量的增加而加强，且随土壤深度的增加，覆盖处理与裸地的土
壤温度差异愈小，土表前者较后者高1.5 ℃，地下15 cm处仅相差
0.5 ℃，20 cm处状况基本与15 cm处相似。蔡太义等[62]在渭北旱
塬4年的秸秆覆盖量试验表明，不同覆盖处理在0~25 cm土层的降
温效应，表现为随覆盖量的增加而增大，随土壤深度增加而减小。
在0~15 cm土层的"低温效应"在全生育期内表现出前期大、后期
小的变化趋势。党占平等[63]对平覆地膜穴播、垄上覆膜垄沟覆草、
覆草和常规露地4种栽培模式下土壤温度变化规律的研究表明，随
冬小麦生育期延后和土层深度增加，覆盖栽培的增温幅度减小，平
膜覆盖栽培返青期前能够显著提高0~25 cm各土层温度，垄膜覆盖
栽培在越冬前能够有效提高表层土壤温度，覆草栽培仅在出苗期有
一定的增温效应，返青期以后表现为负效应。郑华斌等[64]由春、秋
玉米耕作方式及覆盖物的裂区试验表明，免耕相对于翻耕更有利于
提高土壤温度，春玉米0~25 cm土壤温度免耕高于翻耕0.1~0.2
℃，秋玉米季免耕比翻耕高0.5~1.5 ℃，产量间没有达到显著差
异，稻草覆盖处理表现为明显的降温和稳温效果，有利于秋玉米的
生长发育，增加产量。

（3）土层覆盖

土层覆盖栽培技术，是在农田 0~10 cm 土层，通过农具的机械作用，创造一层松紧适度的土壤覆盖层，以调节土壤水分、温度、结构等状况的耕作技术。实践证明，覆土镇压后，地表形成的薄土紧密层可使紧密层以下的土壤耕层不被风吹透，有利于保存水分，同时土壤深处上升的气态水又会在耕层土壤中凝聚成液态水，故土壤含水量提高[65]。镇压后的土壤紧密，导热性增强，温度升高的快，耕层土壤中压地比不压地的含水量提高 1%~4%。镇压过的土壤温度提高 1.5~1.8 ℃，土壤温度高有利于种子发芽出苗，使作物生育期延长，可使作物果实提早成熟 3~5 d。由于土壤温度提高，镇压过的马铃薯、花生等经济作物田块，结果数量多，尤其是马铃薯田块更加明显。土壤中的氮素养分，尤其是硝酸盐物质，是靠细菌分解各种有机物质而成的，土壤水分的增加和温度的提高，使细菌的活动能力增强，从而使有机质迅速分解，土壤中硝酸盐的积累增多。镇压后的土壤，由于颗粒变小，间隙紧密，使土壤中空气含量减少，抑制了杂草的生长。土壤经过镇压以后，容重提高，坚实度增加，空隙减少，土壤与种子表面接触更紧密，避免了种子在土壤中的下陷。因而，实行镇压的土壤出苗增加 15%~30%，且幼苗健壮、分叉多，单株苗多。实践证明，经过镇压后的土壤，种植的农作物一般都增产。据资料介绍，播前镇压比不镇压可增产小麦 6.9%~17.5%，增产玉米 2%~5%，增产大豆 4.4%~5.9%。岗地镇压比洼地镇压效果更好，小麦岗地镇压可增产 11.3%，洼地镇压增产 7.4%；玉米岗地镇压增产 2.6%~5%，洼地增产 2%。当前，由于地膜的大面积推广，结合了地膜覆盖的全膜覆土栽培技术被认为是一项以集雨、抑制土壤水分蒸发、充分利用光热资源、节约劳动力、节本增效、提高复种指数为一体的高效旱作农业新技术[66]。侯慧芝等[67]对全膜覆土、传统地膜覆盖及露地栽培春小麦水温效应的研究表明，与露地栽培相比，全膜覆土栽培技术可连续提高三茬作物的产量及水分利用效率，使其总纯收益比露地和地膜覆盖处理分别增加 26.07% 和 10.76%。全膜覆土显著提高了春小麦生长前期耕层地温，降低了生长后期地表温度，同时起到保水和充分利用土壤深层水分的作用，春小麦的籽粒灌浆速率峰值出现时间和灌浆持续时间均比露地和地膜覆盖小麦分别推后 3 d 和 6 d，平均灌浆速率分别提高 0.65% 和 6.15%。

1.2.1.2　覆盖措施对作物生长发育、干物质积累分配的影响

覆盖措施由于改变了土壤的水分、温度和肥力状况等，不仅会导致作物的生长发育进程不同，而且影响着作物在各个生育阶段的生长状况。刘洋等[68]以裸地旱作为对照，通过地膜覆盖和稻草覆盖对旱作水稻光合产物积累的影响表明，覆盖方式对旱作水稻的干物质积累有显著的影响，整个生育期的干物质积累以地膜覆盖处理最高，为 136.31 g·穴$^{-1}$，稻草覆盖处理为 123.69 g·穴$^{-1}$，均显著高于对照；成熟期地膜和稻草覆盖的穗部干物质积累显著提高，分别比对照提高 26.46% 和 14.49%。而覆膜旱作、覆盖秸秆旱作和裸露旱作处理对水稻生长的影响则表明，覆盖秸秆旱作处理的水稻开花前干物质累积量分别比常规水作、覆膜旱作和裸露旱作处理的高 13%、15% 和 29%，覆盖秸秆旱作可以促进旱作水稻碳水化合物和氮素向籽粒的转移[69]。郭大勇等[70]以不覆膜、播种后覆膜 30 d、覆膜 60 d 和全程覆膜后春小麦生育进程和干物质积累的研究表明，与不覆膜相比，覆膜后春小麦出苗时间提前 1~9 d（大部分提前 3~6 d）；在作物生长中期，适时揭膜能够显著增加有效分蘖数，提高后期结实穗数，延长成熟期，有利于作物形成大粒，提高千粒重。全程覆膜虽然也改变了作物生育进程，但对后期生长不利，导致灌浆期缩短，无效分蘖增加，千粒重下降。生长前期覆膜，不仅能显著增加作物生长前期地上部分干物质的迅速积累，而且对中、后期干物质进一步累积和产量形成也具有重要作用。春小麦生长前期覆膜，有利于根冠比在作物生长后期维持较

高水平，而全程覆膜不仅对保证作物生长后期较高根冠比不利，而且其负面效应还在于使更多的光合产物流向茎叶，对增加收获指数不利。董孔军等[71]由垄膜覆盖沟播、全膜双垄沟播、全膜平铺穴播、全膜平铺沟播等 4 种覆盖方式对谷子的研究表明，地膜覆盖种植提高了谷子生长期间的净光合速率和水分利用效率。在抽穗期，地膜覆盖种植方式的光合速率比露地种植的高 9.8%～28.5%，水分利用效率比露地种植的提高 3.0%～18.1%，明显加快了谷子生育期间的生长速度，在苗期至成熟期，地膜覆盖种植方式平均生长速度较露地快28.7%～35.5%，最终增产显著，产量为 3 429.00～4 233.60 kg·hm^{-2}，比露地沟播种植方式增产 30.87%～61.57%。陈乐梅[72]以常规耕作处理作对照，研究了免耕覆盖下春小麦灌浆期间干物质积累分配特性和产量变化，高、低秸秆覆盖量下春小麦灌浆期间干物质积累量比常规耕作分别高 16.1%、9.8%，免耕秸秆覆盖为春小麦籽粒和产量形成提供了更充足的物质来源；与常规耕作比，免耕覆盖处理的春小麦在花后 21～28 d 时干物质积累量有个快速增加阶段；在干物质的运转分配中，免耕覆盖对春小麦灌浆期积累的干物质在各个器官间的分配比例影响较小。相对于常规耕作而言，免耕秸秆覆盖处理提高了春小麦产量，其产量的增加主要依赖于花前光合产物的积累，对花后光合产物调用较少。低覆盖量下春小麦较常规耕作增产 11.68%，高量覆盖较常规增产 18.52%。不同栽培条件下花生干物质的积累、分配与转移的研究也表明，地膜覆盖与露地栽培相比，更有利于干物质积累、分配与转移，主要表现在 LAI 增加，生物产量提高，干物质分配苗期以营养器官为主，花期营养器官与生殖器官并进[73]。孟凡德[74]对干旱区春小麦干物质积累动态的研究表明，秸秆还田、免耕不覆盖及免耕覆盖总干重最大值分别比传统耕作显著高出高 15.40%、24.58% 和35.17%，在整个籽粒形成期内总干物质增加速度表现为：免耕覆盖>免耕不覆盖>秸秆还田>传统耕作；与传统耕作相比，三者籽粒干物

质积累速度分别提高了 45.92%、31.57% 和 14.68%。免耕覆盖后，
光合产物在籽粒所占的百分率得以提高，收获指数增加，提高了籽粒
灌浆速度，延长灌浆时间，有利于光合产物的合成和花后同化物向籽
粒的转运。

1.2.1.3 覆盖措施对作物生理特性的调节

如今，有关不同覆盖物对玉米、小麦、水稻等作物处理后作物相
应的生理生态响应都有一定研究，如不同覆盖物对作物根系活力、叶
面积指数、光合势、净同化率、光能利用率、气孔导度、蒸腾速率、
干物质积累等重要生理指标在时间、空间进程上具有一定的影响，起
到有效地促进和协调"源库流"的关系，从而为作物高产奠定生理
基础。宋海星[75]由覆膜条件冬小麦根系活力、吸收面积及空间分布
的研究表明，在水平方向上，TTC 还原量和 TTC 还原强度均随着离主
茎距离的增加而减少；在垂直方向上，TTC 还原量随着土层深度的加
深而递减，TTC 还原强度，返青期由上而下递减，开花期则上下土层
无差异。根系总吸收面积和活跃吸收面积，在水平方向和垂直方向的
变化与 TTC 还原量相同。覆膜处理并没有改变以上各指标的空间分布
状态。但返青期水平方向的比吸收面积和比活跃吸收面积的变化趋势
随覆盖地膜与否而不同，不覆膜处理由近到远递减，覆膜处理则无差
异。返青期比吸收面积和比活跃吸收面积的垂直方向变化以及开花期
二者的水平和垂直方向变化均无明显差异。根系活力与根系总吸收面
积、活跃吸收面积呈极显著正相关。覆膜小麦生理生化的研究结果也
表明[76]，地膜覆盖后，可明显增加土壤的含水量，维持小麦叶片较
高的含水量和水势，降低叶片脯氨酸含量，降低叶片细胞的膜脂过氧
化水平，提高叶绿素的总含量，增大叶面积及叶面积指数（LAI），
从而促进小麦的生长发育和干物质积累，增加单株分蘖数和成穗数
等。覆膜小麦花后单茎绿叶数较多，单茎绿叶面积较大，叶片叶绿素
含量高于对照，叶中 MDA 含量低于对照，干物质积累总量增加，干

物质转运率及同化物对籽粒的贡献率覆膜后均高于对照，提高了叶片光合能力，延缓叶片衰老，有利于光合产物的合成和花后同化物向籽粒的转运，奠定了产量形成的生理基础[77]。

黄义德等[78]对水稻旱作覆膜的生理生态效应研究则表明，覆膜旱作水稻前期生长优势强，但后期叶面积指数（LAI）、净同化率（NAR）、群体生长率（CGR）和比叶重等均有所降低，灌浆速度较慢，经济系数较低。原红娟[79]以露地栽培为对照，对地膜覆盖棉田的土壤结构、苗期至蕾期棉花叶绿素和脯氨酸的含量研究认为，地膜覆盖改善了棉田的土壤结构，增加了土壤中可给态养分，棉花受干旱胁迫的危害较小，有利于棉花顺利地完成生理生化过程。其中，地膜覆盖棉田的土壤容重较对照小，土壤孔隙度、气相率及液相率较对照大。地膜覆盖苗期至蕾期棉花叶绿素（Chl）含量高于对照，脯氨酸含量低于对照。地膜覆盖棉花 Chl a 含量为 4.09 mg·L^{-1}，Chl b 含量为 2.59 mg·L^{-1}，Chl a/b 值为 1.57。

Fernandez 等[80]研究认为，覆膜玉米在 50%最适灌溉量时的叶面积指数几乎与露地玉米在 100%最适灌溉量时的叶面积指数相当。吴盛黎等[81]试验表明，地膜玉米与露地玉米各生育期叶面积系数动态变化均呈单峰曲线，苗期叶面积系数小，拔节以后呈直线上升，两者相异之处是地膜玉米各个时期叶面积系数均大于露地玉米，同时叶面积系数达最大值后下降缓慢，尤其是乳熟至蜡熟阶段仍能保持较大叶面积系数（4.6），而露地玉米乳熟以后叶面积系数急剧下降，到蜡熟期叶面积系数仅为 2.5。梁亚超等[62]测定，覆膜玉米较未覆膜玉米叶绿素含量增加 19%，光合势增加 38.8%，净同化率增加 32.9%，群体生长率增长 67%。黄明镜等[83]的研究得出，覆膜处理作物的气孔导度和蒸腾速率等指标都显著高于露地，拔节期、孕穗期和灌浆期覆膜处理的作物蒸腾速率值分别为 3.4 mmol·m^{-2}·s^{-1}、4.5 mmol·m^{-2}·s^{-1}和 3.36 mmol·m^{-2}·s^{-1}，而对照露地栽培的蒸腾速率值分别为

3.3 mmol·m^{-2}·s^{-1}、4.0 mmol·m^{-2}·s^{-1}和1.95 mmol·m^{-2}·s^{-1}。赵海祯等[84]也得出类似结果，孕穗期地膜覆盖较露地处理作物的蒸腾速率、气孔导度分别提高15.9%和18.13%。

1.2.1.4　覆盖措施对作物产量、产量构成因素和水分利用效率的影响

地膜覆盖在集水保墒的同时，较大程度地开发了有效水分生产潜力的持续增进。据调查，地膜玉米较不覆膜可增加土壤水分48 mm，增产95%~100%，水分利用率高达37.5 kg·mm^{-1}·hm^{-2}[85]。蒋骏等[86]认为，秋覆膜春种小麦，产量较露地条播增产51.6%，水分利用率提高55.9%。刘金海[87]在渭北黄土高原区，研究了平膜穴播（S1）、秸秆覆盖条播（S2）、垄上覆膜穴播沟中覆草（S3）、垄上覆膜沟内条播覆草（S4）、露地条播（S5）5种处理方式对旱地土壤水分及冬小麦产量的影响表明，垄上覆膜穴播沟中覆草和垄上覆膜沟内条播覆草2种处理具有显著的保水与增产效果，秸秆覆盖条播的保水效果不明显，但也有一定的增产作用，4种处理的产量分别高出对照（露地条播）56.8%、14.7%、43.5%和47.5%。黄义德[63]根据旱作水稻不同生育时期耐旱性不同，认为地膜覆盖有效阻挡了地面蒸发，节水效率达60%~85%，生育期延长7~9 d，分蘖力增强，每公顷最高分蘖数比水作的多170.1万个，有效穗数增加，但每穗粒数、结实率和千粒重下降，其产量水平与水作差异不显著。

白丽婷[88]由渭北旱塬区生物降解膜和普通地膜覆盖对冬小麦生长及水分利用效率的研究认为，2种方式下冬小麦株高、干物质积累量、产量及水分利用效率均显著（$p<0.05$）高于常规露地栽培，并显著增加了冬小麦的成穗数，使穗粒数有一定的增加；连续2年增产幅度分别为6.45%和28.95%、7.52%和22.44%，2种覆盖间无显著差异；水分利用效率分别提高11.39%和35.02%、14.40%和12.96%。普通地膜覆盖对冬小麦各生育阶段株高及干物质积累量促

进作用较大，液体地膜由于易受到环境影响，其生理生态效应不能充分体现。覆盖生物降解膜蓄水保墒效果较好，水分利用效率提高到 17.73 kg·mm^{-1}·hm^{-2}，而且能有效解决白色污染问题，表现出良好的经济效益和生态效益。杨海迪[89]则认为，周年覆盖地膜对提高土壤含水量和土壤水库的扩蓄增容具有重要意义，并能显著提高冬小麦的产量和水分利用效率。普通地膜和生物降解膜覆盖处理在冬小麦不同生育期对 0~200 cm 的土壤贮水量有显著的提高作用，与液体地膜和不覆盖平播处理（CK）比较，差异显著（$p<0.05$），但液体地膜的集雨作用不明显；此外，普通地膜和生物降解膜两年的平均产量较对照（CK）分别提高了 38.01% 和 36.28%，水分利用效率分别比对照提高 19.85%、16.85%，且呈显著性差异（$p<0.05$）。可见，周年覆盖生物降解膜与普通地膜具有良好的蓄水保墒效果[90]，可以提高冬小麦产量。而任书杰[91]等的结论与其相反，通过研究地膜覆盖（设不覆膜、播种后覆膜 30 d、覆膜 60 d 和全程覆膜）和施氮（设不施氮和施氮 75 kg·hm^{-2}）对春小麦耗水量和水分利用效率的影响认为，地膜覆盖对春小麦耗水量和水分利用效率的影响与底墒和覆膜进程有关。增加底墒和施肥，春小麦全生育期耗水量显著增加，全程覆膜对提高水分利用效率没有实际意义。

党廷辉[92]研究了旱地冬小麦几种覆盖栽培下产量、水分利用率、土壤水分剖面和硝态氮的分布的差异。结果表明，地膜和秸秆双元覆盖模式下小麦籽粒产量比对照增产 12.11%~17.65%，水分利用效率（WUE）比常规栽培提高 7.2%~30.8%，土壤 0~20 cm 土层的含水量提高到 12%~16%，硝态氮含量提高到 4.70~10.17 mg·kg^{-1}。地膜和秸秆双元覆盖模式能够显著的提高作物产量和水分利用率，并显著增加耕层土壤中水分含量和硝态氮含量，减轻土壤剖面硝态氮的淋溶累积。卜玉山[93]等通过两年盆栽和大田玉米覆盖试验也发现，秸秆和地膜覆盖都不同程度地提高了玉米株高、茎粗、净光合速率和单株干物质积累量等；但认为地膜覆盖的促进作用在玉米生育前期较大，而秸秆覆盖的作用则主要表现在玉米生育中后期。秸秆和地膜覆盖增产的主要原因均为玉米穗长和穗粒数的增加，秸秆和地膜覆盖的增产效应主要表现在拔节至抽雄及雌穗分化发育阶段，而对后期粒重形成影响不大。不仅如此，普通地膜、小麦桔秆、地膜+桔秆覆盖 3种方式对旱地棉田土壤环境及产量也有明显影响，覆盖能改善土壤环境，降低土壤容重，提高土壤水分利用率，调节土壤温、湿度，协调水热资源利用的同步性；秸秆覆盖能增加土壤养分含量，特别是速效钾含量；在棉花生长后期，提高叶面积指数，延长叶片功能期，提高棉株的光合能力从而防止棉花早衰，增加铃重，提高棉花产量[94]。

1.2.2　种植密度对作物生长发育、土壤水分利用及产量形成的影响和调控

作物单位面积的产量，受到很多因素的影响，诸如光照、温度、水分、土壤肥沃度等，种植密度的适宜与否，决定了作物群体的光能利用水平、水分利用效率及干物质生产能力等，直接反映到收后产量构成等农艺性状和生理性状中，从而影响籽粒产量及收获指数。探讨种植密度与作物生长发育、产量及其构成因素、干物质积累分配转运及水分利用等关系的研究，一直是农业科研工作关注的重要领域，从提高单位面积穗数的"增穗增产"，到"稳定穗数、主攻大穗"的最大乘积理论[95]，到提高分蘖（枝、茎）率和单位面积穗数，促进群体苗、株、穗、粒合理发展[96]，再到"小（群体）、壮（个体）、高（积累）"[97]，农学家通过种植密度调整作物产量和群体质量的思路在不断发生变化。本研究在一膜两年用生产条件下，探讨旱地胡麻种植密度与高产获得的关系，以期为进一步提高胡麻产量和增进旧膜利用提供理论依据。

1.2.2.1 种植密度对作物干物质积累、分配及转运的影响

小麦的干物质积累明显分为前、后两个时期。开花前的光合产物绝大部分用于组织结构物质生长，花后开始用于小麦籽粒形成和灌浆。有研究表明，小麦干物质的 70%～90%是花后光合作用积累的产物，其产量随花前干物质产量升高而先升高后降低，呈显著的二次曲线关系，而花后干物质产量可以显著增加小麦籽粒产量[98-100]。花后干物质积累量反映了群体优劣，是判定群体质量的核心指标。因此，适当控制抽穗前的干物质积累使其达到适宜值，提高花后干物质积累量及其在总生物量中的比例是小麦获得高产的重要途径。

丛新军等[101]报道，过高或过低的种植密度都不利于春小麦高产。种植密度低会造成群体数量小，开花前的干物质积累量低，进而导致花后干物质积累量小，产量低。种植密度高会造成开花前无效分蘖量大，个体瘦弱，最终影响干物质积累，造成产量下降。高聚林等[102]则认为，春小麦开花前干物质积累量在高密度时最高，低密度次之，中密度最低，而花后干物质积累量中密度最高，高密度次之，低密度最低。这表明前期干物质积累量高并不一定能形成高产，而会由于花后群体质量差，通风透光不良而降低产量；只有在密度适宜时，前期干物质积累可以满足后期生长需要，并在后期生产较多的干物质，才能最终形成高产。

高翔等[103]通过雁杂 10 号和内亚 3 号胡麻光合性能及氮素代谢对密度的响应研究认为，随着种植密度增加，胡麻叶面积指数和光合势随之增加，而净同化率却明显降低。同时，叶片氮素含量明显下降，氮素代谢显著减弱，因此认为，密度与肥料利用关系密切。

在一定范围内玉米籽粒产量随干物质积累量的增大而逐渐增加[104]。魏成熙等[105]研究表明，玉米乳熟期后随着生育进程的推进地膜覆盖能明显增加玉米穗部干物质的比重，减少茎秆所占干物质的比重，从吐丝期的 7.65%增加到乳熟期的 26.40%，至蜡熟期穗部所占

干物质比重达 30%。说明地膜覆盖玉米在成熟期干物质向籽粒转移量较多，从而提高了籽粒产量。在苗期、拔节期、抽雄期和盛花期的植株干物质积累量分别较露地增加 82.50%、180.30%、18.70% 和 19.40%，籽粒产量增加 11.70%，差异极显著[106,107]。

种植密度不仅会影响植株干物质的量，还可能影响干物质的化学组成和形成时间。由对水稻密度处理的研究发现，种植密度大，株间距小，移栽后储存的淀粉消耗慢，随后的生长过程中植株间相互干扰早于并程度大于间距大的植株，而密度小间距大的植株储存的淀粉快速消耗，使植株生长旺盛。此外，抽穗前高种植密度下稻草中淀粉积累量少于低密度。密度越大，叶片所占整个植株比例越小，光合作用部分与非光合作用部分比例就越小。种植密度越大、施肥越多，抽穗时单位面积总干重或者叶片干重就越大，导致抽穗后产生的干物质占抽穗前后产生的总干物质的比重越小[108]。超高产水稻早 22 在不同栽插密度下，密度越大蛋白质含量越高，而直链淀粉含量越低[109]。

1.2.2.2　不同种植密度下作物农艺性状及灌浆特性的变化

籽粒灌浆是影响粒重乃至产量的重要生理过程。国内外对玉米、水稻、小麦等灌浆特性的研究发现，不同的栽培措施（密度、播期、施肥量、施肥期等）和品种都对灌浆特性有较大的影响，进而影响最终的粒重和产量。

温红霞等[110]认为，密度对半冬性品种豫麦 49 ~ 198 系和弱春性品种偃展 4110 灌浆持续期没有明显影响，但对粒重和灌浆速率影响较大，低密度处理粒重最大，最大灌浆速率也最高。茎秆、叶片对籽粒的贡献率不同处理不同品种均为茎秆大于叶片；随种植密度的增加，穗粒数和千粒重减小，而中密度处理产量最高。王婷[111]等对 450 万、525 万、600 万、675 万、750 万和 900 万基本苗·hm^{-2} 6 个播种密度处理下西北绿洲冬小麦灌浆特性影响的结论与之类似，认为尽管处理间灌浆速率差异明显，但密度对灌浆持续期没有明显影响，其中以 675 万基本苗·hm^{-2}的平均灌浆速率最高，450 万基本苗·hm^{-2}最低，处理间灌浆速率和粒质量的差异后期大于中期和前期；对籽粒的贡献率除 900 万基本苗·hm^{-2}叶片大于茎秆和叶鞘外，其余各处理均以茎秆最大，茎秆平均贡献率为 16%，约为叶片和叶鞘的 2.5 倍。密度与氮肥双因素对绵杂麦 168 籽粒灌浆特性的影响说明，绵杂麦 168 籽粒灌浆过程符合 Logistic 曲线方程，氮肥主要通过灌浆期各阶段的灌浆速率显著影响籽粒质量；密度则通过渐增期持续天数和渐增期与快增期灌浆速率显著地影响籽粒质量。随着施氮量的增加，灌浆期各阶段的灌浆速率逐渐降低，最终千粒质量逐渐降低；随着密度的增加，渐增期持续天数和渐增期与快增期灌浆速率呈逐渐减少趋势，千粒质量逐渐降低[111,120]。

达龙珠[113]认为，高油玉米 HE-2 在灌浆后期能保持较高的叶面积和净光合速率，叶面积、叶绿素含量、净光合速率及各荧光参数等均随种植密度增加而降低；籽粒产量随种植密度增加呈先增加后下降态势，种植密度为 52 500~60 000 株·hm^{-2}时，产量较高，最高为6 679.80 kg·hm^{-2}。而对超试 1 号（晚熟型）和郑单 958（中熟型）的研究则表明[114]，在 2.25 万~11.25 万株·hm^{-2}范围内，增加种植密度可提高单位面积玉米产量，但增幅越来越小，最佳种植密度为6.75 万~9 万株·hm^{-2}。随着密度的增加，叶面积指数提高；种植密度对玉米单粒重的影响主要是通过影响前期的灌浆速率，不同品种单粒重的差别是灌浆持续期和平均灌浆速率共同作用的结果。施氮和密度双重影响下郑单 958 表现为，不同施氮水平及密度下籽粒产量的差异主要由穗粒数决定。产量及穗粒数的形成与植株地上部干物质积累紧密相关，施氮能明显促进植株地上部干物质积累量的增加。穗顶部与中下部籽粒的灌浆动态及物质代谢具有明显的不同，授粉后 5~20 d，顶部籽粒灌浆速率、灌浆体积、干重、总可溶性糖、淀粉、蔗糖含量均明显低于中下部籽粒；同化物供应的差异是导致顶部及中下部籽粒发育差异的一个重要原因。顶部籽粒灌浆体积、干重、总糖、淀粉含量施氮处理高于不施氮处理；施氮可明显促进同化物的积累及向顶部籽粒的供应，促进顶部籽粒灌浆，增加有效粒数，提高产量[115]。

由此可见，密度大小显著影响各种作物的籽粒灌浆特性，随着种植密度的提高，小麦籽粒灌浆速率呈明显下降趋势，因灌浆速率与籽粒质量呈显著正相关，导致籽粒质量下降[116-119]。但亦有研究与此相异，认为密度与籽粒生长特性关系不密切，随着密度的增加，最大灌浆速率出现时间推迟，最大灌浆速率和平均灌浆速率均表现为低密度、高密度较高，中间密度相对较低[111, 120]。

1.2.2.3　种植密度对作物产量和水分利用效率的影响

作物水分利用效率是指作物消耗单位重量的水分所能合成干物质的量，所以作物水分利用效率取决于光合产物的形成和水分蒸散两大过程。光合产物是气、热、水、肥、光、土、生物等多种因素共同作用的结果。作物高产不仅取决于水分在土壤—植物—大气循环系统中的良性循环，而且与其他因素的协调作用关系密切[121]。在当前技术条件下，北方旱作农业地区各种作物可达到的水分利用效率（$kg \cdot mm^{-1} \cdot hm^{-2}$）为：春小麦 9.90、冬小麦 15.45、玉米 24.15、甘薯 23.35、莜麦 9.45、春谷 11.25、糜子 11.40、荞麦 15.45、马铃薯 15.75，水分的开发度为 40%，尚有 60% 的潜力有待进一步挖掘[122]。

品种和密度对夏玉米产量产生的明显影响存在着年际之间的巨大波动。产量最高和最低品种相差 1 050~1 500 $kg \cdot hm^{-2}$，不同品种对密度的反应有所差异，一般 60 000~67 500 株 $\cdot hm^{-2}$ 的种植密度产量高于 75 000 株 $\cdot hm^{-2}$ 的密度产量。不同品种穗位以上叶片截获的光合有效辐射与产量有一定的正相关关系。也有研究认为，产量高的品种，其水分利用效率也较高，两者存在正相关关系。选择高产品种是提高水分利用效率的一个重要途径[123]。王勇等[124]研究指出，地膜覆盖有利于增加作物的有效成穗数，在较高肥力水平下，边 1 行、边 2

行、边 3 行的有效成穗数比露地分别增加 12.50%、8.10% 和 0.67%。不施肥、中肥、高肥、超高肥水平下,地膜覆盖条件下玉米的穗粒重分别较露地增加 8.30%、9.60%、10.60% 和 12.80%,可见,在一定范围内,玉米穗粒重同肥力水平呈正相关。

1.2.3 地膜类型与施氮对作物生长发育的影响

1.2.3.1 普通地膜和可降解地膜的发展简史及应用现状

(1) 普通地膜和可降解地膜的发展简史

地膜最初的应用是在 20 世纪 50 年代初,应用起始于欧洲、日本、美国等发达国家,应用地膜来提高农作物的产量。我国是在 20 世纪 70 年代末期才引进地膜覆盖技术,在经过几年的试验、研究后,发现其化学性质稳定,能大幅度提高农作物产量,且自然条件下对作物无害,从而在全国农业范围内得以推广应用。

地膜按照材料特性分为不可降解地膜和可降解地膜。不可降解地膜即普通的地膜,其主要材料是聚乙烯和聚氯乙烯等,在土壤中可存在 200~400 年[125]。目前,我国农田覆盖的地膜大多是不可降解地膜。随着覆膜年限的增加,存留在田间的地膜已成为影响农业可持续发展的重大难题。可降解地膜是利用微生物的生命活动以及太阳紫外光的照射,在短时间内二者相互协同、增效,实现无污染快速降解的一类地膜。目前,国内外研制的可降解地膜,主要有生物降解地膜、光降解地膜、光/生物降解地膜、植物纤维地膜、液态喷洒薄膜、多功能农用薄膜等。我国研发较多的是生物降解地膜、光降解地膜和光/生双降解地膜。

生物降解地膜是指在自然条件下,通过土壤微生物的生命活动而进行降解的一类地膜。生物降解地膜又可分为不完全生物降解地膜和可完全生物降解地膜。不完全生物降解地膜是在通用塑料中通过共混或间接混入一定量的具有生物降解特性的物质；可完全生物降解地膜是使用中保持与现有塑料相同程度的功能，但使用后能为自然界中微生物作用分解成低分子化合物，并最终分解成水和二氧化碳的高分子材料[126]。尽管这类地膜能够降解，但加工困难，其力学性能和耐水性能差，目前难以大范围推广和应用[127]。

光降解地膜是在吸收太阳紫外光后引起光化学反应而发生裂变的一类地膜。但光降解地膜也存在不足：一是受自然环境、农作物品种等影响较大，降解速率很难控制；二是大田覆盖应用时，部分埋入土壤中的地膜不能被降解，而且其分解物是否会产生二次污染尚不明确，因此它的应用受到局限[128]。

光/生双降解地膜是在通用高分子材料中添加自动氧化剂、光敏剂等化学试剂和生物降解助剂等制作而成的一类地膜。其特点是把地膜降解成小颗粒，短期内对作物生长没有明显的负面影响，但是随着使用时间的延续，土壤中塑料颗粒逐渐堆积，直接会影响到作物根系的生长发育，甚至导致减产的负面作用。另外，降解后的塑料小颗粒非常难以清除，人工方法无法清除，不利于农业的可持续发展[129]。

（2）普通地膜和可降解地膜的应用现状

在世界范围内，生物降解地膜研发和应用最先进的地区和国家是欧洲和日本，生物降解地膜在地膜市场占有比例已将超过10%，在某些领域和地区的应用比例已达到20%以上，而普通地膜市场占有的比例则逐年在下降[130]。

据农业部不完全统计，我国每年农业生产中有大量的地膜投入使用，目前我国地膜年产量已超过150万t，覆盖面积超过0.2亿hm^2，随着近几年全球温室效应的增加以及干旱面积逐年增加，地膜覆盖栽培的面积在全球农业中呈现逐年上升的趋势。近年来，我国在生物降解地膜的研究和应用上取得了很大进步，形成了一定规模的生物降解地膜生产能力，同时，生物降解地膜也在不同区域的多种作物上展开了应用，目前国内对生物降解地膜的田间应用研究主要以花生、玉米、棉花等作物为主，种类比较单一[22]。2015 年农业部设立了专项资金用于全国范围内开展生物降解地膜试验评价适应性研究，试验结果表明，大多数生物降解地膜在覆膜时间较短作物（如烟草、花生）的适宜性优于覆膜时间长的作物（如玉米）。

1.2.3.2 普通地膜和可降解地膜的土壤水肥热效应研究

（1）普通地膜和可降解地膜对土壤养分及水分的影响

地膜能否提高土壤的养分含量，观点不一。有研究表明，地膜覆盖下土壤含水量充足，地膜能够约束土壤中养分的释放，致使土壤中有效氮、钾、磷释放规律不同[131]，或是不能提高土壤养分含量，甚至加速土壤有机质的降解[132]。但同时也有研究表明，地膜覆盖可以显著增加土壤中养分的含量[133]。地膜覆盖对土壤具有保护作用，可降低雨水对土壤的淋溶作用，从而提高土壤养分的利用和转化率，充分调动和发挥土壤肥力[134]。棉田覆膜后土壤电导值升高，而且生物降解地膜处理的土壤 EC 值和养分含量均高于普通膜处理，显示出生物降解地膜覆盖棉田后促进土壤有效养分含量增加的优越效果[135]。之所以出现这样的现象，可能是地膜种类或者是地区的差异性。

地膜覆盖可以促进土壤水分的横向运移，阻止土壤水分的垂直蒸发，减少其蒸发损失，提高土壤含水量。地膜在播种期和苗期能够控制土壤水分蒸发，使土壤含有较高的含水量，给作物生长前期营造了良好的温度和水分环境，增产效果十分显著。从水资源开发利用角度，地膜覆盖控制了无效的土壤水分蒸发，具有很好的保墒和节约用水作用，能显著提高土壤的含水量，对干旱和半干旱地区的农业生产具有非常重要的意义。

在玉米生育期内，生物降解地膜与普通地膜均能提高土壤含水量，生物降解地膜覆盖下 0~40 cm 处土层土壤含水率与露地处理相比显著增加，其保水效果与普通地膜间差异不显著[136]。作物苗期，植株蒸腾量小，土壤颗粒间蒸发是土壤水分流失的主要原因[137]，覆膜处理能够显著提高土壤含水量；在作物生长后期，由于生物降解地膜逐步降解破损导致其土壤含水量增加作用不明显，甚至低于普通地膜，但覆膜的土壤含水量均显著高于露地处理[136]。也有研究表明，生物降解膜的保水作用比普通地膜略好，两种覆盖一样可以达到早熟、丰产的栽培效果[138]。

（2）普通地膜和可降解地膜对土壤温度的影响

覆盖种植一定程度上影响土壤系统热量的吸收和释放。地膜是透光的，但对太阳紫外光的反射作用很小，因此，土壤能够大量接受太阳辐射的热量，使膜下地面温度高于露地对照地面温度。地膜覆盖在低温期具有保温和增温作用，且在低温气候的增温作用非常显著，20 cm 以上土层地膜覆盖下的土壤温度比露地平均高 3~5 ℃[139]。

生物降解地膜的保温作用通常和普通地膜相同，且在外界环境温度低时的保温性优于普通地膜[140]。申丽霞等[141]在旱地玉米栽培上的结果表明，玉米播种后 7~63 d，生物降解地膜、普通地膜的土壤温度在 10 cm 土层处日平均温度均显著高于未覆膜，普通地膜高于生物降解地膜，但二者差别较小。生物降解膜覆盖能明显提高玉米生育前期耕层 10 cm 的土壤温度，因此加速了玉米的生长生育进程，增加了地上部的干物质积累量，增产幅度达 35.1%。生物降解地膜使 0~15 cm 处的土壤温度得以明显提高，对地下 20 cm 处的温度影响较小，无显著差异，说明随着土壤深度的逐渐增加，地膜对地温的影响逐渐减小；生物降解地膜覆盖下 0~40 cm 处土层土壤含水率与露地相比有了明显的提高，保温、保水效果与普通地膜基本接近[142]。光降解地膜在棉花生产应用中，覆盖期间与普通地膜一样，具有相似的土壤环境效应和增产效果[143]。光降解地膜覆盖棉田不仅有保温保水作用，而且也因其具有降解性能而能显著的改善棉田环境条件[144]。而孙涛等[145]研究生物降解地膜的热效应时发现，四种生物降解地膜的保温效果与普通地膜在作物生育前期无显著差异，其中15%淀粉含量的生降膜保温效果高于普通地膜，差异不显著；后期则普通地膜保温效果显著高于四种可降解地膜。

综上所述，覆膜可以显著提高作物生长前期土壤温度和全生育时期的有效积温，保证作物的正常生长，达到早熟、丰产的栽培效果。普通地膜和可降解地膜在作物生育前期的增温效果差异较小或无显著差异，而生育后期随着可降解地膜的降解，增温效果大多数不如普通地膜。

1.2.3.3 覆膜和施氮对土壤微生物数量的影响

覆膜显著影响土壤耕层的微生物数量[146]和土壤微生物量碳[147]。

覆膜可以改善土壤水热状况，增强土壤微生物活性，进而增加微生物生物量，提高土壤肥力达到作物增产的目的。地膜覆盖对土壤肥力的提高作用可使土壤中的微生物活动显著增强，菌类数量提高26.5%。旱作麦田地膜覆盖可以增加土壤微生物数量[148]。但也有研究发现[149]，覆膜使玉米各生育时期土壤微生物总量降低。覆膜对微生物数量的具体影响结果，因覆膜后水肥热的变化趋势及幅度而有所差异。

施肥因影响土壤的水分及养分供给而影响微生物的数量及其种类比例，有机肥的施用还会通过影响土壤的热状况而对微生物的数量及活性产生影响。不同施肥条件下玉米根际各土壤微生物类群数量的变化不同，施肥显著提高了玉米根际土壤的微生物总量，但真菌、放线菌数量的变化趋势与细菌相反，不过二者的差异均未达到显著水平；通常，肥力高的土壤中细菌数量较多，而肥力低者真菌数量较多，有机无机肥配施的影响效果最为显著，单施化肥和单施有机肥对土壤细菌、放线菌、固氮菌等菌种的生长繁殖也有较显著的促进作用[150,151]。氮肥施用对土壤微生物的影响更为显著，多数条件下提高了土壤微生物的数量及其生命活动的旺盛程度。

覆膜和氮肥互作总体上对微生物数量有显著的提高作用。覆膜和氮肥互作能大幅度地增加玉米根部土壤中细菌和放线菌的数量及微生物总数。但覆膜和氮肥对微生物的互作效应因作物种类及其对土壤环境的影响而有不同的结论。

1.2.3.4 普通地膜和可降解地膜对作物生长发育的影响

覆膜因改变土壤的生态环境而影响作物的生长发育进程及产量形成。覆盖地膜对土壤环境的改善，使得作物的移栽成活率和播种出苗率显著提高。地膜覆盖因提高了马铃薯各生育时期的含水量而显著提高了移栽后的成活率，促进了根系的生长。在对烤烟、小麦、油菜等作物的研究中同样发现了此规律[152]。赵玺[153]的不同覆膜时长研究表明，农闲时覆盖较播种时覆盖可提高产量20%，抽雄期结束后及时揭膜可使作物产量提高12.4%；谷晓博[154]对油菜的研究也表明，薄膜覆盖较对照可提高出苗率17.2%，并使最终产量提高25.3%。胡靖等[155]试验结果显示，生物降解地膜对土豆、玉米、棉花的增产效果均在20%~30%，而对葡萄的增产效果最显著，可达到60%。生物降解地膜配合滴灌技术还可显著提高番茄的水分利用效率和肥料利用效率[156]。

但是也有研究表明，地膜可能会降低作物生物产量，有时甚至降低经济产量。张冬梅等[157]研究表明，地膜覆盖虽然显著提高了玉米生育前期的土壤温度，致使玉米生长加快，生育期提前，但这却使玉米生育后期遭受水分胁迫，进而发生早衰现象，导致减产严重。地膜覆盖加速了作物的生长进程，但这是以过度消耗土壤养分和水分为代价获得的，若土壤水肥供应不足，产生作物早衰现象，反而会导致作物减产显著[158]。此外，当土壤中地膜残留量达到一定数量时，会直接或间接影响土壤的生态环境而影响作物的生长发育，进而降低农作物的产量。虽然光降解地膜压土部分没有降解，但在后期有紫外光就能降解，其分解的残片，未对棉花生长发育产生不良影响[159]。

1.2.3.5 有机氮肥和无机氮肥配合施用后土壤的水肥效应

(1) 有机氮肥和无机氮肥配合施用对土壤养分的影响

合理的有机无机肥配施是提高土壤肥力的重要因素，因为有机肥不仅可以优化土壤的物理属性，同时能够改善土壤的化学与生物学属性，进而为农作物生长提供良好的土壤环境条件[160]。有机无机肥配施对提高土壤的有机质和氮含量方面作用显著，有机无机肥配施还可提高土壤的 pH 值和微量元素含量，且随施肥年限的延续和有机肥用量的增长，提升效果显著增加[161]。这些结果都表明有机肥和无机肥配合施用可以提高土壤有效养分含量，为作物高产优质提供了基础。长期定位施肥对土壤肥力特征及养分吸收利用的诸多研究，进一步证实了有机无机肥配施对土壤养分含量提升的持续效果[162]。

(2) 有机氮肥和无机氮肥配合施用对土壤水分的影响

水肥之间存在着一定的联系，水是肥效发挥的关键，肥是打开土壤水系统的钥匙，合理施肥产生的水肥耦合作用对于作物生长发育和产量形成具有十分重要的作用。不同施肥处理影响土壤的供水强度，但是差异较小，而单施 N 肥可提高土壤 0~20 cm 土层的持水能力，其他施肥处理降低了土壤的持水力，却增强了释水能力，施有机肥处理土壤含水量显著增加[163]。孙文彦等[164]的研究表明，施氮方式和用量对土壤含水量影响较大，总体表现为单施有机肥 > 高量有机无机配施 > 单施无机肥，而单施无机肥的效果等同于低量有机无机肥配施。

1.2.3.6 有机氮肥和无机氮肥对作物生长发育及产量的影响

施肥是影响作物生长的重要外界因素，化肥能直接增加土壤养分进而促进植株生长，而有机肥对作物的影响则是多方面的。有机肥肥效释放缓慢使养分在作物生长初期不会造成大量散失，而在作物生长后期又可避免养分供应不足；有机肥通过改善土壤结构，增加土壤中微生物数量和土壤酶活性，改善根际环境，从而提升根系活力，促进其对营养的吸收；有机肥的施用增加了土壤微生物数量，其分泌各种有益代谢物质，通过根际环境刺激植物生长，在一定程度上也能抑制土壤中病原体的侵染，提升植株的抗逆性[165]。有机肥施入土壤以后，需经矿质化才能分解释放养分，其营养元素供应速度慢、周期长，因此，在同等养分施用量条件下，单施有机肥的处理当季作物产量水平通常低于单施化肥处理，单施有机肥对于农作物特别是短期蔬菜类作物难以实现高产目标[166]。但有机肥的施用可以为作物生长发育创造一个良好的根际生态环境，同时也有利于土壤供肥能力的提高，从而增加作物产量[167,168]。土壤中施用有机肥后，可为作物生育后期提供充足的养分供应，同时在一定程度上抑制作物前期生长过盛现象的发生[169]。

氮是肥料三要素中的主要元素之一，其用量及种类等显著影响作物的生长发育状况及产量形成。氮肥能延长作物生长期，增加干物质积累量达到增产效果。汪航等[170]研究结果表明，尿素作为分蘖肥施用，可以明显促进水稻生长，加快分蘖速度，提前和提高出苗，对保证水稻足穗早发非常有益；尿素作为穗肥施用，对于成穗数、穗粒数和结实率影响不大，但可以提高千粒重。水稻分蘖期的氮素积累量表现为单施有机肥处理高于有机无机肥配施；而全生育时期的氮素积累表现为有机无机肥配施 > 单施有机肥 > 单施化肥。有机无机肥配施显著影响生物氮量的提升作用[171]。配施能有效协调土壤氮素释放与作物各时期氮素吸收的一致性，有效提高作物氮素积累量和氮肥利用效率。但有机肥和普通氮肥对作物氮素积累和氮素利用率方面的影响结果存在差异。氮磷化肥与有机肥配合施用时增产幅度最大，其产量和水分利用效率比单施 N、P 肥处理分别增加 17.5% 和 16.4%[172]。

1.2.3.7 覆膜和施氮互作对作物生长发育及产量的影响

覆膜和施肥处理均影响土壤的生态环境进而影响作物的生长发育和产量形成，但二者是否具有互作效应及互作效应的大小则有不同的研究结果。

　　许多研究表明，合理施用化肥和有机肥可显著提高覆膜的增产效果[173]。在干旱半干旱地区，覆膜和施肥处理对玉米产量的提高有显著影响，覆膜可以提高表层土壤含水量，减缓硝态氮向土壤下层迁移的速度，从而提高氮肥利用率和作物对土壤氮素的吸收量；追肥可以显著提高玉米产量，覆膜、施肥处理可显著提高玉米产量[174]。葛均筑等[175]通过对长江中游春玉米的研究也发现，覆膜和氮肥互作对春玉米穗数、穗粒数、百粒重及产量的影响均达极显著水平，互作有利于提高穗粒数和吐丝期植株氮素积累量，进而促进籽粒灌浆过程，提高百粒重。覆膜结合施用有机肥不仅提高了土壤有机碳及其组分的含量，而且增加了光合碳的固定及其在作物和土壤中的分配比例，进而提高了作物生物量[176]。但也有研究表明，覆膜和氮肥对玉米生理生长、产量和水分利用效率均有显著影响，但两者的互作效应不显著[33,177-179]。虽然覆膜和氮肥对产量及其构成因素均有显著影响，但二者的互作效应在作物生长及土壤环境、微生物种群上的影响没有一致的结论。

2 研究内容、试验设计与方法

2.1 试区简介

试验 1、试验 2 于 2011—2012 年在甘肃省定西市西巩驿镇平川地块进行。该区地处黄河中游黄土高原沟壑区,海拔高度 1 793 m,年平均气温 7 ℃,年日照时数 2 500 h,无霜期 146 d,年降水量 300~400 mm,年蒸发量平均为 1 524.8 mm。春玉米为当地的主要作物,一年一熟。供试土壤为黑垆土,有机质含量为 11.06 g·kg^{-1},全氮 0.99 g·kg^{-1},碱解氮 72.15 mg·kg^{-1},速效磷 8.31 mg·kg^{-1},速效钾 247.02 mg·kg^{-1},pH 值 8.3。前一年玉米定植前每 666.7 m^2 施尿素 40 kg、普通过磷酸钙 50 kg,农家肥 3 000 kg 做基肥。

表 2-1　2010—2012 年 4—7 月降雨量

Tab. 2-1　Monthly rainfall from April to July in 2010 to 2012　　　mm

年份 Years	月份 Months					生育期降雨量 The rainfall of growth stage
	4	5	6	7	8	
2010	36.6	63.6	40.1	41.8	121.6	182.1
2011	3.5	28.2	44.5	63	64.6	139.2
2012	26.4	48.1	78.8	100	95.7	253.3

试验 3 于 2018 年 3—8 月在会宁县会师镇南嘴村的旱川地进行。试区地处北纬 35°38′03.1″，东经 105°03′09.3″。海拔 1 759 m，年均气温 8.3℃，无霜期 155 d，≥10℃ 的有效活动积温 2 664 ℃ 左右，年降雨量平均为 356.70 mm。土壤为黄绵土，地力均匀，肥力中等。该试验是在 2017 年试验基础上进行的定位试验。试验年度胡麻生育期的降雨量和温度见图 2-1，胡麻生育期内的降雨量，2017 年为 132.2 mm，2018 年为 365 mm，2 个年度 4 月及 6 月、7 月的降雨量差异较大。和试区 20 年平均的降雨量相比，2017 年的 4 月和 7 月极其干旱，2018 年 4 月、6 月和 7 月降雨量很高。从胡麻生育期内降雨的分布及总量而言，2017 年为干旱年份，而 2018 年降雨较多。

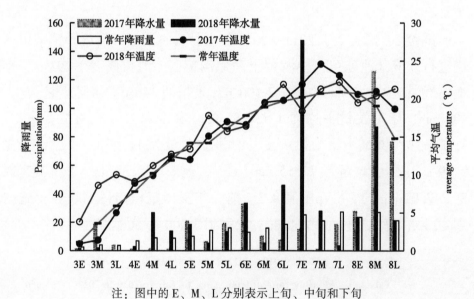

注：图中的 E、M、L 分别表示上旬、中旬和下旬

图 2-1　2017—2018 年试区胡麻生育期间的降雨量和气温

Figure 2-1　Precipitation and average air temperature in oil flax growth stage

2.2 研究内容和技术路线

2.2.1 研究内容

（1）地膜覆盖对旱地胡麻农田水热时空动态变化特征的影响。

（2）地膜覆盖下旱地胡麻生长特性、干物质积累分配及叶片生理生态特征研究。

（3）地膜覆盖对旱地胡麻土壤理化性质的影响。

（4）地膜覆盖对旱地胡麻生长发育特性、同化物积累运转分配及籽粒灌浆特性的研究。

（5）地膜覆盖后旱地胡麻籽粒产量、产量构成因子和水分、氮素利用效率研究。

2.2.2 技术路线

本研究主要针对中国北方干旱半干旱区大面积全膜双垄沟播玉米种植后的旧膜利用及适宜低成本生物降解膜的选择问题，从农业可持续发展角度出发，探讨地膜延续利用及不同生物降解膜对胡麻农田水热变化特征、同化物积累分配转运、生长发育特性、水分与肥料高效利用和产量等的影响，为相似生态类型区地膜农业节本增效和胡麻高产栽培提供理论依据。研究思路及技术路线如图2-2。

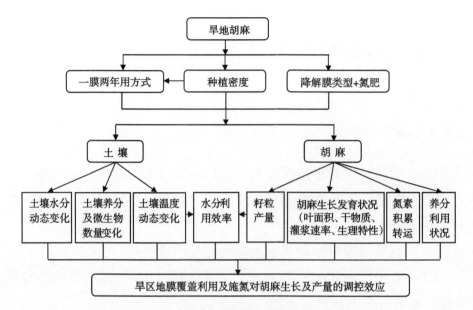

图 2-2 试验技术路线

Figure 2-2 The technical course adopted in experiment

2.3 试验设计

试验 1：一膜两年用胡麻不同旧膜利用方式试验

试验采用单因素随机区组设计方法。设置 6 个旧膜处理方式（表 2-2），以目前生产上推行的处理 T6 为对照，3 次重复，共 18 个小区。小区面积 20 m²（4 m×5 m），小区间、重复间分别设置 30 cm、50 cm 的走（过）道，试验区四周设 1 m 宽的保护行。2011 年 3 月 30 日播种，8 月 4 日收获。2012 年 3 月 27 日播种，8 月 2 日收获。播种密度为 600 万粒·hm⁻²（行距 15 cm，穴距 11 cm），每穴播种子 10 粒，其他生长管理同一般大田。供试胡麻品种为"陇亚 10 号"。供试地膜为聚乙烯吹塑农用地膜，厚度 0.008 mm，甘肃省天水天宝塑业有限责任公司生产。

试验 2：一膜两年用胡麻密度试验

表 2-2　试验处理设置表

Table 2-2　Reuse ways of used plastic film in the field after crop harvest

处理代码	农田旧膜处理方式
T1	当年作物收获后，旧膜留至翌年，直接播种。
T2	当年作物收获后，旧膜留至翌年，在旧膜上覆土播种。
T3	当年作物收获后，旧膜上覆盖作物秸秆，留至翌年除去秸秆后播种。
T4	当年作物收获后，旧膜留至翌年，播种前收除旧膜并覆盖新膜播种。
T5	当年作物收获后收除旧膜，并整地覆盖新膜，翌年播种。
T6（CK）	当年作物收获后收除旧膜，翌年整地播种（不覆膜）。

试验采用单因素随机区组设计方法，供试胡麻品种为"定亚 23
号"。前茬为全膜双垄沟玉米，2010 年、2011 年玉米收获后保护地
膜，以草木灰或砂土覆盖破损处，冬季避免牲畜践踏和人为损坏地
膜，于 2011 年、2012 年春天免耕直接播种。播前种子经人工精选，
剔除坏粒、空秕粒。供试地膜为聚乙烯吹塑农用地膜，厚度
0.008 mm，甘肃省天水天宝塑业有限责任公司生产。试验设 7 种密度
处理方式（如下），小区面积 13.3 m² （2 m×6.67 m），行距 20 cm，
穴距 10cm。3 次重复。小区间、重复间分别设置 30 cm、50 cm 的走
（过）道，试验区四周设 1 m 宽的保护行。2011 年 3 月 30 日播种，8
月 4 日收获。2012 年 4 月 1 日播种，7 月 26 日收获。胡麻生长管理同
大田。密度处理水平为：

D1：300 万粒·hm^{-2}，每穴播种子 6 粒。

D2：450 万粒·hm^{-2}，每穴播种子 9 粒。

D3：600 万粒·hm^{-2}，每穴播种子 12 粒。

D4：750 万粒·hm^{-2}，每穴播种子 15 粒。

D5：900 万粒·hm^{-2}，每穴播种子 18 粒。

D6：1 050 万粒·hm^{-2}，每穴播种子 21 粒。

D7：1 200 万粒·hm^{-2}，每穴播种子 24 粒。

试验 3：旱地胡麻覆膜类型及施氮试验

本试验是在 2017 年度试验基础上进行的定位试验。2 年度胡麻生育期间降水较多，与上一年度的气候条件差异较大，且因是定位试验而反映处理的累积效果。

试验设地膜和氮肥种类 2 个试验因素。地膜设 5 个水平：未覆膜（露地，F_0）、普通地膜（F_1）、生物降解膜（F_2—厚度 0.008 mm）、生物降解膜（F_3—厚度 0.010 mm）和生物降解膜（F_4—厚度 0.012 mm）；氮肥设 3 个水平：不施氮肥（N_0）、120kg N/hm^2 化学氮肥（N_1）、80 kgN/hm^2 化学氮肥+40 kgN/hm^2 有机肥氮（N_2），化学氮肥是尿素，有机肥是商品有机肥肉蛋白。商品有机肥中除氮之外的其他元素，均在 3 个施氮水平下通过施用化学肥料加以平衡。共 15 个处理，3 次重复，45 个小区。小区长 6.7 m，宽 3 m，面积 20.1 m^2。

胡麻种植密度为 600 万株/hm^2。各处理均施磷 75 kgP_2O_5/hm^2、钾 52.5 kgK_2O/hm^2，磷、钾肥品种分别为过磷酸钙和硫酸钾。氮、磷、钾均作为基肥施用，先施肥后覆膜，采用幅宽 120 cm 的地膜，方式为平畦覆盖，地膜的覆盖时间为施肥后的第二天。覆膜后 3~4 d 穴播，行距 15 cm，穴距 11 cm，每穴播 10 粒左右种子。采样在各个生育时期（出苗、分茎期、现蕾期、开花期、青果期、成熟期）进行。

2.4 测定项目和方法

2.4.1 生育时期判定的形态标准

出苗期：胡麻出苗后，子叶出土并平展地面（苗高超过 2 cm 为

标准）；枞形期：植株上部真叶聚生，形似小枞树状（株高 5~10
cm）；现蕾期：植株主茎顶部叶腋出现 1~2 个小花蕾；开花期：植株
主茎或主轴的第一朵花开放；成熟期：植株茎叶变黄，下部叶片已经
脱落，中上部叶片衰老，摇动植株时发出"沙沙"响声，蒴果呈紫红
色，籽粒含水量显著降低。

2.4.2　叶面积

在各处理重复小区内，选取叶龄基本一致的植株进行叶龄标
记，分别于胡麻苗期、枞形期、现蕾期、开花期、成熟期选取 10
株，进行单株叶面积测定。测定方法采用 WDY-500A 型光电叶面
积测量仪法。

2.4.3　干物质积累量

于胡麻各典型生育时期进行群体动态调查和整株取样。其中，
苗期、枞形期分叶片、茎秆；现蕾期分叶、茎、蕾；开花期分叶、
茎、花蕾；成熟期分叶、茎、果；且开花期和成熟期进一步分为籽
粒、叶片、主茎+分枝+果壳 3 部分。采用烘干称重法，先在烘箱内
105 ℃杀青 30 min 后，再 85 ℃烘 6~8 h 至恒重，以 1/10 000 电子
天平测定干重。

2.4.4　灌浆速率

在胡麻开花前，选植株高度整齐一致、无病虫害损伤的植株挂牌
标记。开花时进行第 2 次定株，即只保留同一天开花的植株，解除其
余植株的标签。自花后第 5 天开始取样，每 3 d 取样 1 次，直到成熟。
每个小区取 10 个主茎，每茎分别取相同部位 20 个蒴果，剥取籽粒共
取 50 粒，测定籽粒的鲜质量后在 105 ℃下杀青 15min，然后于 80 ℃

恒温下烘 24 h 至质量恒定，测定其干质量。

2.4.5　叶片可溶性蛋白含量

采用采用考马斯亮蓝（G_{250}）法[180]测定。

2.4.6　叶片丙二醛（MDA）含量

采用硫代巴比妥（TBA）显色法[180]测定。

2.4.7　叶片脯氨酸（Pro）含量

采用酸性水合茚三酮显色测定法[181]测定。

2.4.8　叶片超氧化物歧化酶（SOD）活性

采用氮蓝四唑（NBT）法[182]测定。

2.4.9　土壤水分

于胡麻播前和上述各生育期，用土钻随机取不同处理各小区 0~200 cm 土层的土，每 20 cm 取 1 个土样，测定深度分别为 0~20 cm、20~40 cm、40~60 cm、60~80 cm、80~100 cm、100~120 cm、120~140 cm、140~160 cm、160~180 cm 和 180~200 cm，取样位置为胡麻行距居中。称土壤鲜重后，在 105 ℃恒温下烘 8 h 至恒重，称土壤干重，计算土壤含水量。

2.4.10　土壤温度

将曲地管温度计分别埋入各小区 5 cm、10 cm、15 cm、20 cm 和 25 cm 地层内，自胡麻播种后，每天在 8：00、14：00 和 20：00 每隔

6 h 测定土壤温度（雨天除外）并记录，观测时期为 4 月 5 日至 8 月 5 日。土壤积温根据每一个生育时期测定的土壤温度和生育时期累积得出[182]。

2.4.11 土壤微生物数量

真菌、细菌和放线菌用平板计数法。真菌培养用马丁氏培养基、细菌培养用牛肉膏蛋白胨培养基、放线菌培养用改良高氏一号培养基[183]。

2.4.12 土壤[184]与植株养分[185]

植株全氮含量：凯氏定氮法；

土壤有机质——重铬酸钾容量法；

全 氮——凯氏定氮法；

铵态氮——2 mol/L KCl 浸提-靛酚蓝比色法测定；

硝态氮——酚二磺酸比色法；

速效磷——钼锑抗比色法；

土壤 pH 值——pH 测定仪测定。

2.4.13 产量及其构成因子

胡麻成熟后收获前按小区测定各处理实际产量，单打单收。每小区取样 15 株，进行室内考种，测定株高、分茎数、分枝数、蒴果数、蒴果大小、蒴果种子粒数、千粒重、秕粒率、单株种子重和籽粒产量等。

2.5 数据处理

2.5.1 相关参数计算公式

(1) 叶片叶面积参数

叶面积指数(LAI)＝ 平均单株叶面积(m^2)×株数/667 m^2

(2) 干物质运转参数[186]

营养器官开花前贮藏同化物运转量＝开花期干重－成熟期干重

$$\text{营养器官开花前贮藏同化物运转率(\%)} = \frac{\text{开花期干重－成熟期干重}}{\text{开花期干重}} \times 100$$

开花后同化物输入籽粒量＝成熟期籽粒干重－营养器官花前贮藏物质运转量

$$\text{对籽粒产量的贡献率(\%)} = \frac{\text{开花前营养器官贮藏物质转运量}}{\text{成熟期籽粒干重}} \times 100$$

(3) 生长特性参数

净同化率（NAR）采用牛俊义等[187]的方法，依据干物质重和叶面积计算，计算公式为:

$$NAR(\text{g} \cdot \text{m}^{-2} \cdot \text{d}^{-1}) = \frac{1}{L} \cdot \frac{dw}{dt} = \frac{(W_2 - W_1)(\ln L_2 - \ln L_1)}{(t_2 - t_1)(L_2 - L_1)}$$

式中: NAR 为净同化率; W_1、W_2 分别为 t_1 和 t_2 时间单位面积上的总干重; L_1、L_2 分别为 t_1 和 t_2 时间植株叶面积 (m^2)。

相对生长率（RGR）采用牛俊义等[115]的方法，依据干物质重计算，计算公式为: $RGR(\text{g} \cdot \text{g}^{-1} \cdot \text{d}^{-1}) = \dfrac{\ln W_2 - \ln W_1}{t_2 - t_1} = \dfrac{2.3(\log W_2 - \log W_1)}{t_2 - t_1}$

式中: RGR 为相对生长率; W_1、W_2 分别为 t_1 和 t_2 时间单位面积上的总干重。

（4）灌浆特性参数

$$灌浆速率[mg/(d \cdot 粒)]^{[188]} = \frac{每次测定籽粒干物质增质量}{测定间隔的天数(d)}$$

灌浆模拟[189]：以开花后天数（t）为自变量，千粒重（y）为依变量，用 Logistic 方程 $Y = \dfrac{K}{1+ae^{-bt}}$ 对籽粒生长过程进行拟合，其中 K 为最大生长量上限，a、b 为常数。求一阶导数得到灌浆速率方程 $v(t) = \dfrac{Kabe^{-bt}}{(1+ae^{-bt})^2}$。根据 Logistic 方程和该方程的一级和二级导数，推导出灌浆高峰期起始（t_1）和结束时间（t_2），灌浆终期（t_3）即 Y 达 99%K 的时间，籽粒灌浆渐增期（T_1）、快增期（T_2）和缓增期持续时间（T_3），以及灌浆持续天数 T（d）和籽粒平均灌浆速率 R（g/d）。

$$t_1 = \frac{a - \ln(2+1.732)}{-b}$$

$$t_2 = \frac{a + \ln(2+1.732)}{-b}$$

$$t_3 = \frac{-(4.5951+a)}{b}$$

$$T_1 = t_1$$
$$T_2 = t_2 - t_1$$
$$T_3 = t_3 - t_2$$
$$T = t_3$$

（5）植株氮素含量的计算[190-193]

植株氮素积累量（$kg \cdot hm^{-2}$）＝植株干重×植株全氮含量

氮素吸收强度（$kg \cdot hm^{-2} \cdot d^{-1}$）＝氮素积累量/氮素积累时间

氮肥偏生产力（$kg \cdot kg^{-1}$）＝施氮区产量/施氮量

氮素吸收效率（$kg \cdot kg^{-1}$）＝地上部总氮含量/施氮量

（6）土壤水分利用特征参数

土壤贮水量[185]：$Sw = \dfrac{d \times r \times w}{10}$

式中，Sw 为土壤贮水量（mm），d 为土层厚度（cm），r 为土壤容重（g·cm^{-3}），w 为土壤含水量（%）。

耗水量：$ET = P + \Delta W$

式中，ET 为耗水量（mm），P 为降水量（mm），ΔW 为胡麻播种前、收获后土壤贮水量的变化（mm）。

作物水分利用效率[119]：依据胡麻播种前、收获后的土壤贮水量和胡麻全生育期降水量，计算胡麻耗水量，最后依据产量和耗水量计算胡麻水分利用效率。

$$WUE = \dfrac{Y}{ET}$$

式中，WUE 为作物水分利用效率（kg·mm^{-1}·hm^{-2}），Y 为作物籽粒产量（kg·hm^{-2}），ET 为耗水量（mm）。因试验地的地下水位较低（在几十米以下），地下水供给忽略不计。

（7）收获指数

收获指数（HI）= 籽粒产量/生物产量。

2.5.2　数据处理方法

采用 Excel 软件对所测数据进行计算，利用 DPS 2000 软件、SPSS 16.0 软件对各处理相关数据进行显著性检验和相关分析等。

3 地膜覆盖后胡麻田土壤水分及温度效应变化

土壤温度、水分是作物生长外部环境中的主要因子，不仅直接影响作物根系和幼苗的生长，还影响到近地面大气的水分、温热状况。通过不同的覆盖栽培措施，定向调节土壤环境中的水热变化，对作物生长发育及经济产量的形成具有重要的实际意义。自地膜自引入我国以来，由于具有保温、保水、增收等效用，已成为当前旱作农业区协调水热资源同步利用的有效农业措施之一，被大面积推广应用。利用地膜玉米的残留地膜在春小麦、胡麻、豌豆、谷子、糜子等作物种植上取得成功的同时，近年来出于改善生态环境的可降解地膜、秸秆及覆土栽培方式被继续深入研究，鉴于此，对常规新旧地膜、降解膜、秸秆、覆土等叠加覆盖后胡麻农田土壤温度时空变化、水分动态及生育进程等的系统研究具有重大的理论及实践意义。

3.1 不同旧膜利用方式的土壤水分效应分析

3.1.1 不同旧膜利用方式下土壤水分的垂直分布

由图 3-1 可以看出，不同旧膜覆盖条件下旱地胡麻在 0~200 cm 土层土壤含水量总体均呈现先降低后升高趋势，主要体现在 0~60 cm

或延伸至 0~100 cm 土层深度，全生育期内不同旧膜利用覆盖处理较对照（CK，T6）均有一定的保水效果，且在各生育时期不同土层间有所差异。

苗期，0~60 cm 土层各处理下的土壤含水量随土层深度的加深呈逐渐下降趋势，具体表现为 T1、T2、T3、T4 间无显著差异，但均显著高于 T5 和 T6 处理（$p<0.05$），T5、T6 间差异不显著（$p>0.05$），其中，最高 T2 处理含水量达到 13.03%，分别显著高出 T5、T6 处理 13.21% 和 14.90%；60~160 cm 土层各处理下的土壤含水量均呈上升趋势，表现为：T4>T3>T1>T2>T5>T6，且 T4、T3 间差异不显著，但均显著高于 T5、T6，T5 和 T6 间无显著差异；160~200 cm 土层各处理下的土壤含水量变化趋势与 0~60 cm 土层相似，T1 最高为 15.71%，分别较 T5、T6 处理显著高出 15.41% 和 14.91%。由此可知，苗期随胡麻根系需水的增加，旧膜持续保持利用（T1、T2、T3、T4）较露地播种（T6）和秋后整地覆新膜播种（T5）均有明显的保水效果，T5 处理下此时期 0~60 cm 较低的土壤含水量可能与其秋后整地致使浅层土壤水分散失有关。

枞形期，各旧膜利用处理下土壤水分含量随土层加深降低趋势有所延伸，可能与植株快速生长水分上移相关，表现为：T5>T2>T3>T1>T4>T6，分别为：13.56%、13.43%、12.95%、12.03%、11.12%、10.49%，即为：新膜>旧膜>露地，此时，新膜良好的抑制蒸散及保水效果开始体现，但旧膜处理仍在胡麻浅耕层内表现出显著高于露地栽培的土壤含水量；160~200 cm 土层土壤含水量呈增加趋势，表现为：T4>T3>T1>T2>T5>T6。

现蕾期，0~60 cm 土层土壤含水量随深度变化因处理而不同，T4、T5 处理呈下降趋势，其余处理呈上升趋势，尽管如此，0~60 cm 平均土壤含水量最高仍是 T4，为 9.97%，较最低 T6 处理显著高出 29.93%，其余处理与二者间差异不显著；60~200 cm 土层土壤含水量均呈上升趋势，表现为：T1>T3>T2>T5>T4>T6，前五者间无显著差异，但都显著高于 T6。

开花期，随着胡麻经历现蕾期旺盛生长，进入生殖生长阶段，以及当地气温升高，胡麻耕层 0~60 cm 土壤水分剧烈蒸散，各处理均表现为随深度增加而减少趋势，T5 处理含水量最高，为 9.67%，显著高于其余处理 26.62%、20.31%、20.38%、24.70% 和 17.26%，其他处理间差异不显著；60~200 cm 土层土壤含水量依旧呈上升趋势，由高到低依次为：T5>T4>T1>T2>T3>T6，进入生殖生长后，不同处理对胡麻土壤 0~200cm 水分的保持均以新膜为优，且主要体现在 0~60 cm 土层内，旧膜仍呈现出了优于露地的保水效果。

成熟期，在 0~60 cm 土层除 T6、T1 处理随土层加深呈先增后降趋势外，其余处理仍呈现降低趋势，可见此时旧膜直播（T1）对水分的维持基本与露地处理相似；60~200 cm 土层中，各处理平均土壤含水量尽管有所差异，但均未达到显著水平。

由以上分析可知，全生育期内，不同覆盖处理下土壤含水量随土层加深变化趋势基本相似，但不同深度土层含水量处理间却有所差异。胡麻主要耕层 0~60 cm 土层含水量苗期处理间保水效果表现为：旧膜>新膜>露地；枞形期、现蕾期及开花期则都呈现为：新膜>旧膜>露地，而成熟期则表现为：新膜>旧膜、露地，后二者间差异不明显。

3.1.2 不同旧膜利用方式土壤水分随时间的变化

由图 3-2 可知，在胡麻整个生长季内，不同旧膜利用方式下 0~100 cm 土层贮水量变化趋势不同，T1、T2、T3 及 CK（T6）处理变化趋势基本一致，均随生育进程的推进、气温上升和土壤蒸散加剧而呈逐渐降低的态势，而 T4、T5 处理呈先升后降趋势，这可能与其收

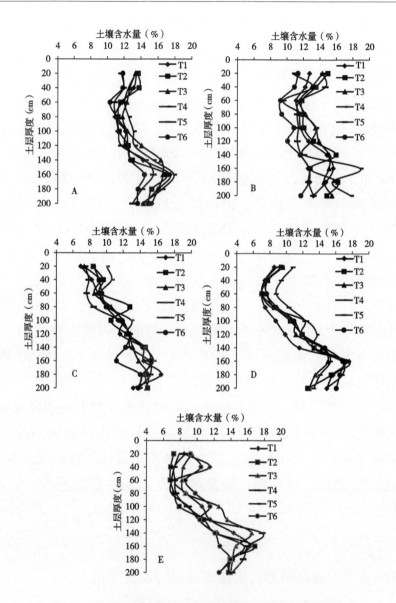

图 3-1 不同旧膜利用方式对旱地胡麻土壤含水量的调控

A—苗期；B—枞形期；C—现蕾期；D—开花期；E—成熟期

Fig. 3-1 Regulating effect of different reuse patterns of used plastic film on the soil water content of dry-land oil flax

A-Seedling stage；B-Momi fir pattern stage；C-Budding stage；D-Flower stage；E-Maturation stage

获后旧膜或新膜的继续覆盖及播种后新膜覆盖而起到的在生育前期良好的保墒效果有关。就不同生育时期各处理贮水量比较来看，播种时由于降水的影响及秸秆与旧膜双重覆盖后土壤融冻不久水分散失较少，露地播种对照（T6）与收获后旧膜覆盖作物秸秆、翌年除秸秆播种（T3）方式下贮水量显著高于其他处理（$p<0.05$，下同），而其余处理间差异不显著（$p>0.05$，下同）。苗期 T4、T3 贮水量显著高于 T6，其余各处理间无显著差异。枞形期 T4、T3、T5、T2 间贮水量差异不显著，但都显著高于 T1、T6。现蕾期 T4、T2、T3、T1、T5 间无显著差异，其中前二者显著高于 T6 对照。开花期与成熟期土壤贮水量处理间尽管有所差异，但均未达到显著水平。可以看出，不同旧膜覆盖方式的保墒效果主要集中在胡麻现蕾期前，对胡麻生育后期土壤贮水量影响不明显。其中，收获后留旧膜、翌年收旧膜覆新膜播种（T4）方式下贮水量在苗期、枞形期及现蕾期都居于首位，能够起到良好的保墒、抑制蒸散的效果，从而保证全苗、壮苗，并为后期籽粒形成奠定良好的物质基础。

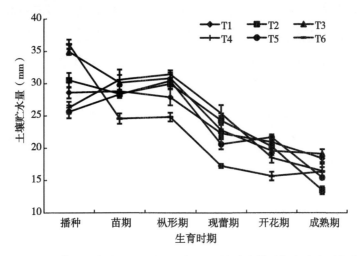

图 3-2 不同旧膜利用方式下 0~100 cm 土层土壤贮水量随胡麻生育时期的变化

Fig. 3-2 Variation of 0~100 cm soil layer water storage amount under different reuse patterns of used plastic film in oil flax growth stage

3.2 不同旧膜利用方式的土壤温度效应分析

3.2.1 不同旧膜利用方式各土层温度变化

由图 3-3 可以看出，不同旧膜利用方式处理后胡麻全生育期 0~25 cm 土层温度与新膜及露地变化规律相似，均随生育进程的推进呈不断上升的近线性趋势，且不同土层出现峰值的时间随土层深度增加均出现在胡麻成熟期，这与胡麻成熟时期恰值当地气温最高月份有关，但不同土层随生育时期变化其温度各有不同。

播种时，0~25 cm 各层地温不同旧膜利用方式处理均高于露地（CK，T6），其中，5 cm 土层地温最高值 T5 达 11.44 ℃，显著高于其他处理，T4 显著高于 T6，但与 T1、T2、T3 差异不显著，T6 均显著低于其他处理，较 T5、T4、T1 分别降低 4.86 ℃、3.30 ℃ 和 3.08 ℃；10 cm 土层地温处理间变化为：T5>T4>T1>T3>T2>T6，T5 最高为 15.33 ℃，显著高于其他处理，分别较 T4、T1、T3、T2、T6 依次高出 3.95、5.11、6.33、6.78 和 7.00 ℃，T4 与 T1 间差异不显著，但均显著高于 T3、T2、T6，其余 3 个处理无显著差异；15 cm 土层地温最高 T1 处理为 12.38 ℃，显著高于其他处理，而其他各处理间无显著差异，地温处理间变幅为 4.27 ℃；20 cm、25 cm 土层尽管处理间有所差异，但均未达到显著水平，地温处理间变幅分别为 3.09 ℃ 和 1.89 ℃。可见，播种时不同旧膜利用方式对地温的影响呈先增后降趋势，主要影响 15 cm 以上土层，以下则减弱，且以 T5、T4、T1 最好。

苗期，不同旧膜利用方式各土层温度变化仍主要体现在 0~15 cm，其中，5 cm、10 cm、15 cm 土层处理间变化由高到低依次分别为 T4>T1>T5>T2>T3>T6、T4>T5>T3>T2>T1>T6、T5>T4>T3>T2>

T1>T6，最大变幅分别为 2 ℃、2.11 ℃和 2.45 ℃，20 cm、25 cm 土层温度处理间无显著差异，最大变幅仅为 1.32 ℃和 1.22 ℃。

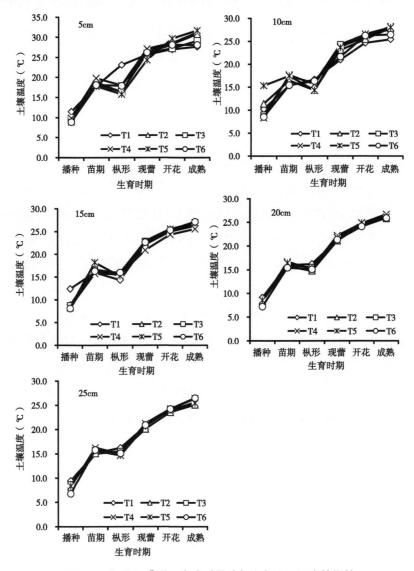

图 3-3 不同旧膜利用方式对旱地胡麻各土层温度的调控

Fig. 3-3 **Regulating effect of different reuse patterns of used plastic film on the soil temperature of dryland oil flax**

枞形期，5 cm 土层温度依次为 T1>T4>T5>T3>T2>T6，T1 显著高于其他处理，较最低 T6 高 5.23 ℃，T6 显著低于其余处理，其他各处理间差异不显著。10 cm 土层温度依次为 T5>T1>T4>T3>T2>T6，T5、T1 间无显著差异，但均显著高于其余处理，其他处理间无差异显著性。15 cm、20 cm、25 cm 土层温度处理间无显著差异，最大变幅为 1.67 ℃、1.45 ℃ 和 1.56 ℃。可见，胡麻枞行期不同旧膜利用方式对地温的影响集中在 10cm 土层以上，且此时旧膜直播（T1）表现出了较好的温度保持作用。

至胡麻现蕾期、开花期及成熟期时，尽管各土层处理间温度有所差别，但均未达到显著水平（$p<0.05$）。综上可知，不同旧膜利用方式处理对胡麻全生育进程土壤温度的影响主要表现在现蕾期前的播种、苗期和枞形期，体现为随生育时期推进及土层加深影响逐渐减弱，具体表现为播种、苗期差异出现在 15 cm 土层内，枞形期则出现在 10 cm 土层内。处理间对土层温度维持效应的响应差异则主要表现为新膜（T4、T5）>旧膜（T1、T2、T3）>露地（T6），且这种趋势在枞行期内又因旧膜直播（T1）较露地等处理有较好的维温作用而有所变化。

通过不同处理对胡麻各生育时期的土层均温的影响可知（图 3-4），播种时 0~25 cm 土层均温表现为：旧膜直播（T1）>收后除旧覆新膜（T5）>播前除旧覆新膜（T4）>旧膜覆土（T2）>旧膜覆秸秆（T3）>露地直播（T6），此时各处理土层均温较露地对照分别高出 2.61 ℃、1.95 ℃、1.70 ℃、1.42 ℃ 和 1.00 ℃，且 T1、T2、T4、T5 显著高于 T6，T3 与 5 个处理间无显著差异；苗期 0~25 cm 土层均温表现为：T4>T5>T3>T2>T1>T6，各处理土层均温较露地播种分别高出 2.22 ℃、2.11 ℃、1.62 ℃、1.48 ℃ 和 1.04 ℃，且 T4、T5 间差异不显著，但都显著高于 T1、T6，T3、T2、T4、T5、T1 间差异不显著，T1 显著高于 T6 处理；枞形期 0~25 cm 土层均温表现为：T1>

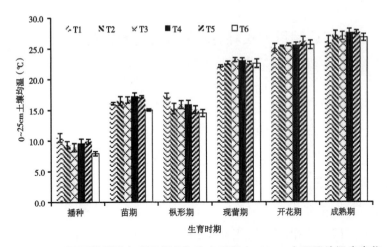

图 3-4 不同旧膜利用方式下胡麻各生育时期 0~25cm 土层平均温度变化

Fig. 3-4 Variation of soil layer average temperature in different oil flax growth
stage under reuse patterns of used plastic film

T4>T3>T5>T2>T6，各处理土层均温较露地播种分别高出 2.81 ℃、
1.38 ℃、1.36 ℃、0.72 ℃和 0.56 ℃，且除了 T1 显著高出 T6 处理
2.81 ℃外，其余处理间及与 T1、T6 无显著差异；现蕾期、开花期及
成熟期 0~25 cm 土层均温各处理间差异不显著，其最大变幅仅依次为
0.60 ℃、1.04 ℃和 1.47 ℃。

　　在整个生育前期，在作物根系较为集中的耕作层（0~25 cm）的
增温幅度，T4、T5（新膜）较 T6（露地播种）高 1.00~2.22 ℃，
T1、T2、T3（旧膜）较 T6（露地播种）高 0.56~2.81 ℃，之后随气
温升高，温差逐渐减小，在气温达到最高阶段的成熟期，增温幅度最
小，T4、T5（新膜）较 T6（露地播种）高 0.77~0.82 ℃，T1、T2、
T3（旧膜）较 T6（露地播种）高-0.56~0.35 ℃。因此可见，除新
膜外，旧膜在全生育期尤其是生育前期亦能起到热量的均衡补偿和温
度调节功能，即在温度较低的播种—出苗期—枞行期阶段起到很好的
增温作用，这为提早播种和出苗创造有利条件，而在气温最高时期的
现蕾至终花、成熟期，因外界气温的普遍升高，此时新膜、旧膜的保
温作用几乎丧失，进而转为防止土壤水分的散失方面。

3.2.2　不同旧膜利用方式对胡麻生育时期的影响

表 3-1 显示，不同覆盖方式处理后旱地胡麻各生育时期及总生育期天数差异显著，不同处理后，新膜、旧膜及秸秆+旧膜覆盖生育期天数均显著少于露地播种方式。

播种—出苗期，各处理下生育时期天数均显著少于露地播种，T4、T5、T1、T2、T3 为 17.6 d、18.1 d、20.9 d、21.7 d 和 21.1 d，分别较露地处理减少 5.7 d、5.2 d、2.4 d、1.6 d 和 2.1 d，但新膜处理间（T4、T5）和旧膜处理间（T1、T2、T3）分别无显著差异；

出苗—枞形期，处理间生育期天数对比与前一时期类似，仍表现为：新膜<旧膜<露地，露地 T6 处理较 T1、T2、T3、T4、T5 分别多出 2.3 d、1.7 d、3.6 d、4.5 d 和 4.7 d，但其中 T3 处理天数与 4 种新旧膜处理差异不显著；

枞形—现蕾期，处理间生育期天数表现基本与前时期相似，但相差天数逐渐减小，T1、T2、T3、T4、T5 分别较露地处理 T6 减少 1.8 d、0.6 d、2.0 d、2.2 d 和 2.7 d，且均达到差异显著水平，新旧膜 5 个处理中，仅 T5 显著少于 T2 2.1 d，其余处理间无显著差异；

现蕾—开花期，处理间差别天数进一步缩小，T6 分别显著高于 T1、T2、T3、T4、T5 处理 1.7 d、1.3 d、0.9 d、2.1 d 和 1.8 d，其余 5 个处理间差异不显著；

花期—成熟期，各处理下胡麻此生育时期天数均无显著差异。由全生育期天数处理间比较可知，各覆盖处理均显著短于露地播种，T1、T2、T3、T4、T5 较 T6 分别显著缩短 10.9 d、5.8 d、10.1 d、17.4 d 和 15.6 d，且 T4、T5 较 T2 处理显著减少 11.6 d 和 9.8 d，其余处理间无显著差异。综上可知，不同覆盖处理对胡麻生长各生育时期天数及全生育期天数的影响主要表现在生育前期，即播种—现蕾期，此阶段播前除旧膜覆新膜播种、收后除旧覆新膜播种、旧膜直播、旧膜覆土直播和旧膜覆秸秆播种分别较露地播种减少 12.4 d、12.6 d、6.5 d、3.9 d 和 7.7 d，旧膜播种较新膜平均增加 6.4 d。

表 3-1　不同处理对胡麻生育阶段及生育期的影响

Table 3-1　Effects of oil flax growth stage under different treatments

（单位：d）

处理	BC	CZ	ZX	XH	HS	Q
T1	20.9b	20.4b	14.7bc	14.0b	45.1a	115.1bc
T2	21.7b	21.0b	15.9ab	14.4b	47.2a	120.2b
T3	21.2b	19.1bc	14.5bc	14.8b	46.3a	115.9bc
T4	17.6c	18.2c	14.3bc	13.6b	45.9a	108.6c
T5	18.1c	18.0c	13.8c	13.9b	46.6a	110.4c
T6	23.3a	22.7a	16.5a	15.7a	47.8a	126.0a

表中 BC：播种—出苗；CZ：出苗—枞形；ZX：枞行—现蕾；XH：现蕾—开花；HS：开花—成熟；Q：全生育期，下同。同列小写字母不同者为 0.05 水平差异显著。

3.2.3　不同旧膜利用方式对土壤有效积温的影响

表 3-2 显示，在胡麻根系活跃的 10 cm 土层内，不同旧膜利用方式处理对各生育时期土壤有效积温的影响各有不同，反映到生育前期（播种—现蕾），5 cm 土层总积温由高到低依次为：T2>T5>T4>T1>T6>T3，旧膜平均有效积温比新膜降低 45.48 ℃·d，比露地上升 37.17 ℃·d，10 cm 土层总积温由高到低依次为：T5>T4>T1>T2>T6>T3，旧膜平均有效积温比新膜降低 36.61 ℃·d，比露地上升 6.50 ℃·d；生育后期（现蕾—成熟期），5 cm 土层总积温由高到低依次为：T3 > T5 > T4 > T1 > T6 > T2，旧膜平均有效积温比新膜降低 57.84 ℃·d，比露地上升 22.72 ℃·d，10 cm 土层总积温由高到低依次为：T5 > T4 > T2 > T1 > T3 > T6，旧膜平均有效积温比新膜降低 37.01 ℃·d，比露地上升 145.40 ℃·d。全生育期土壤总有效积温 5 cm、10 cm 土层分别表现为：T5>T4>T3>T1>T2>T6 和 T5>T4>T2>T1>

T3>T6, 其中 5 cm 土层全生育期总有效积温收获后除旧覆新膜播种、播前除旧膜覆新膜播种、旧膜覆秸秆播种、旧膜直播和旧膜覆土直播分别比露地播种增加 179.42 ℃·d、147.03 ℃·d、70.27 ℃·d、65.98 ℃·d 和 43.49 ℃·d, 10 cm 全生育期总有效积温收获后除旧覆新膜播种、播前除旧膜覆新膜播种、旧膜覆土直播、旧膜直播和旧膜覆秸秆播种分别比露地播种增加 253.65 ℃·d、197.40 ℃·d、182.48 ℃·d、154.15 ℃·d 和 119.05 ℃·d。

表 3-2　不同处理各生育时期 5cm 和 10cm 土层的土壤有效积温变化（≥2.0 ℃）

Table 3-2　Variation of effective accumulated temperature for 5cm and 10cm soil layer among different growth stage and treatment

（单位: ℃·d）

土层深度	处理	BC	CZ	ZX	XH	HS	Q
5	T1	225.86	307.37	293.94	351.33	1 277.55	2 456.07
	T2	244.99	376.26	329.11	340.67	1 142.53	2 433.58
	T3	228.26	285.00	263.73	347.50	1 335.87	2 460.36
	T4	241.15	339.23	313.50	395.12	1 248.11	2 537.12
	T5	261.61	326.66	311.81	368.80	1 300.62	2 569.51
	T6	243.80	291.81	278.72	364.24	1 211.52	2 390.09
10	T1	227.85	281.16	254.4	310.40	1 164.27	2 238.08
	T2	237.91	280.13	253.75	337.11	1 157.50	2 266.41
	T3	220.48	266.93	254.22	311.28	1 150.05	2 202.98
	T4	260.43	271.00	250.70	321.24	1 177.94	2 281.33
	T5	230.41	292.57	286.00	365.46	1 163.13	2 337.58
	T6	225.25	282.2	245.00	291.66	1 039.81	2 083.93

3.3　不同密度条件下一膜两年用胡麻土壤水分效应分析

3.3.1　种植密度对一膜两年用胡麻土壤水分垂直分布的影响

由图 3-5 可以看出, 不同种植密度条件下, 一膜两年用胡麻土壤水分含量随处理及土层深度不同变化趋势各有不同，土层含水量基本都呈现出低密度优于高密度的态势。

苗期，各密度处理下，随土层加深土壤含水量总体呈先增后降趋势，0~60 cm 土层含水量由上而下有所上升，处理间含水量由高到低依次为：D3>D2>D1>D4>D5>D7>D6，D3、D2、D1 间无显著差异，分别为 15.81%、15.03% 和 14.78%，均显著高于 D6，分别较 D6 高出 11.57%、6.07% 和 4.30%，其他处理与此四者间差异不显著；60~200 cm 随土层加深含水量呈不同程度下降，处理间含水量由高到低依次为：D3>D1>D2>D5>D4>D6>D7，D3、D1 分别达到 15.28% 和 15.26%，显著高于 D5、D4、D6 和 D7 处理，D2 与其他各处理无差异显著性。

枞形期，不同密度下 0~120 cm 含水量随土层加深变化趋势不明显，但仍以 D3、D1 较高，分别为 15.16%、14.85%；120~200 cm 土壤含水量有所增加，由高到低依次为：D3>D1>D7>D4>D5>D2>D6，但各处理间无显著差异。

现蕾期，各处理随土层加深含水量均表现为先降后升趋势，0~40 cm 土层含水量呈不同程度下降，由高到低依次为：D1>D2>D3>D6>D5>D4>D7，D1、D2、D3 间无显著差异，均显著高于 D7，较 D7 分别高出 19.7 8%、16.10% 和 10.94%，其余处理与此四者间差异不显著；40~200 cm 含水量随土层加深呈不同程度上升，由高到低依次为：D1>D3>D5>D2>D4>D6>D7，但处理间无显著差异。

开花期，各密度处理下 0~80 cm 土壤含水量随土层加深变化不明显，由高到低表现为：D1>D2>D4>D5>D3>D6>D7；80~200 cm 土层不同处理均大幅上升，表现为：D1>D3>D6>D4>D2>D7>D5；但处理间均无显著差异。

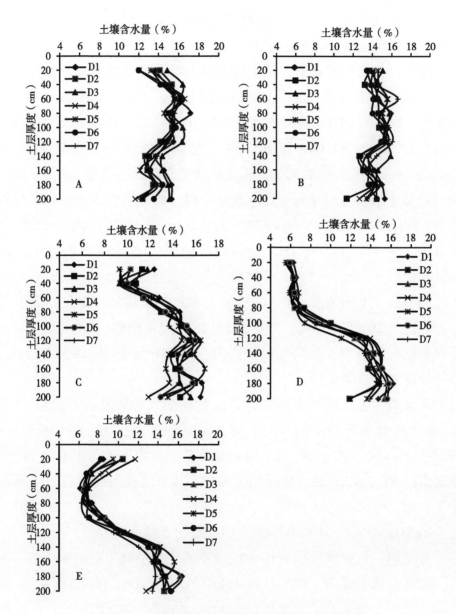

图 3-5　不同种植密度对旱地胡麻土壤含水量的调控

A—苗期；B—枞形期；C—现蕾期；D—开花期；E—成熟期

Fig. 3-5　Regulating effect of different planting density on the soil water content of dry-land oil flax

A-Seedling stage；B-Momi fir pattern stage；C-Budding stage；D-Flower stage；E-Maturation stage

　　成熟期，随土层加深各处理含水量变化趋势与现蕾期类似，亦呈先降后升趋势，水分降低土层延伸至 80~100 cm，0~80 cm 土层含水量依次为：D4>D2>D1>D5>D3>D7>D6，处理间差异不显著；80~200 cm 土层含水量表现为：D1 > D3 > D4 > D2 > D5 > D6 > D7，D1 最高达 13.14%，较最低 D7 处理显著高出 14.45%，其余处理与二者间无显著差异。由以上分析可以看出，密度对一膜两年用胡麻土壤不同土层含水量的影响主要集中在营养生长期，低密度条件下，以苗期及现蕾期中 0~60 cm 土层水分含量明显高于高密度处理，这时株均水分的获得不但保证了苗期植株快速生长，也为全株进入生殖生长及籽粒形成提供了必要保证。

3.3.2　不同密度条件下土壤水分随时间的变化

　　如图 3-6 所示，在胡麻整个生长季内，不同种植密度下 0~100 cm 土层贮水量变化趋势基本相同，都呈现倒 "S" 形曲线，均随生育进程的推进、气温上升和土壤蒸散加剧而呈逐渐降低的态势，且都在成熟期略有上升，这可能主要与当季胡麻成熟期内较充足的降水有关。就不同生育时期各处理贮水量比较来看，播种时，D2 处理贮水量显著低于($p<0.05$，下同) 其他处理，其余处理间差异不显著（$p>0.05$，下同）。苗期、枞形期、花期及成熟期各种植密度下土壤贮水量尽管有所差异，但均未达到显著水平。现蕾期，各处理基本呈现出随密度增加贮水量逐渐下降的趋势，其中 D1 贮水量最高，达到 31.19 mm，显著高于 D6、D7，但其余处理与上述三者无显著差异。可见，不同种植密度对耕层土壤贮水量的影响主要表现在胡麻由营养生长阶段进入生殖阶段前，经历了前期水分的吸收利用损耗外，此时低密度下充足的水分降低了植株群体竞争，为其干物质的进一步积累和生殖器官的形成奠定了光合水分基础。

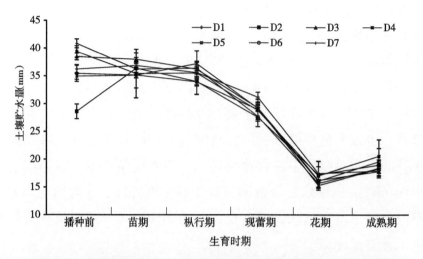

图 3-6 不同种植密度下 0~100 cm 土层土壤贮水量随胡麻生育时期的变化

Fig. 3-6 Variation of 0~100 cm soil layer water storage amount under different planting density in oil flax growth stage

3.4 不同地膜类型下胡麻田土壤水分效应分析

胡麻生育期间土壤含水量的变化如图 3-7 所示。

苗期，覆膜显著影响 60 cm 以上土层的含水量，60 cm 以下的土壤含水量覆膜与否之间差异不显著。0~60 cm 土层，F_1、F_2、F_3、F_4 较 F_0 平均分别提高了 7.27%、6.39%、4.08% 和 5.66%；各覆膜处理之间，普通地膜的提升效果最显著。40~60 cm 土层，F_1 的含水量不仅显著高于 F_0，而且较 F_2、F_3、F_4 也显著提高，表明覆膜不仅具有显著的保墒效果，而且提墒效果明显，且普通地膜的作用大于生物降解地膜。地膜覆盖对播种—出苗期间的有限降雨，具有很好的收集作用。这可为壮苗奠定良好的基础。

出苗后，胡麻植株的生长逐渐加快，对水分的吸收量逐渐增加，虽然 4 月下旬至 5 月上旬有 32.2 mm 的降雨，但由于蒸发量也随气温

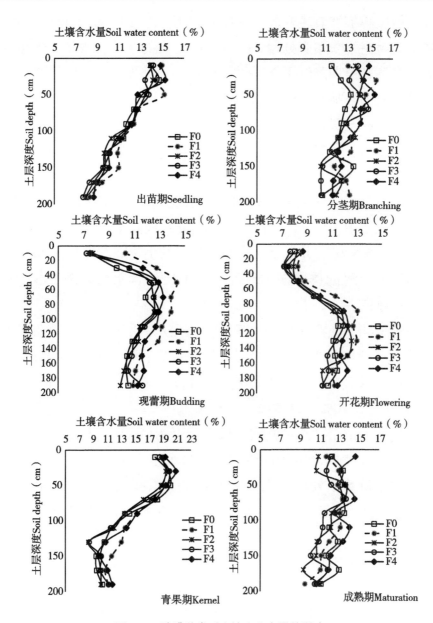

图 3-7 地膜种类对土壤水分含量的影响

Figure 3-7 Effect of mulch type on soil moisture content

上升而增加，分茎期，各处理 0~20 cm 土层的含水量均比出苗期显著下降。但覆膜依然有较好的蓄水保墒作用，0~100 cm 土层的含水量，覆膜均显著高于未覆膜处理。0~60 cm 土层的平均含水量，未覆膜处理的测定值较苗期降低了 2.62%，而各覆膜处理的两个阶段之间无显著差异，表明覆膜的抑蒸保墒效果良好。4 个覆膜处理之间的含水量，0~60 cm 土层均以 F_1 或 F_4 最高。

分茎之后，大气温度显著升高，土壤水分蒸发加剧，而植株的快速生长也需要吸收大量的水分，故现蕾期 0~100 cm 土层的含水量均较分茎期显著下降，但覆膜处理的含水量仍显著高于不覆膜的露地，0~60 cm 土层中，F_1、F_2、F_3、F_4 较 F_0 分别提高了 27.95%、24.44%、23.51% 和 25.84%。分茎至现蕾期，较薄的生物降解地膜 F_2 和 F_3 开始脆化而进入降解的诱导期。现蕾期各土层的含水量呈现 $F_1>F_4>F_2$、F_3、F_0 的趋势。

现蕾末期，生物降解膜 F_2 和 F_3 降解较为明显，故开花期二者各土层的含水量与露地的对照之间无显著差异；开花期 0~100 cm 土层的含水量，以 F_1 最高，其次是 F_4，且 $F_1>F_4$（$p<0.05$），F_1 较 F_2、F_3、F_4 分别提高 15.20%、13.87%、4.62%。

青果期，由于降雨量剧增，仅 7 月上旬就高达 150 mm 以上（图 3-7），再加上生物降解膜的破裂，容易承接大量的降雨，0~100 cm 土层的含水量 5 个处理间无显著差异。土壤深层的 100~180 cm 处，F_1 较 F_0、F_2、F_3、F_4 平均分别提高 18.85%、22.42%、22.26% 和 7.33%。

青果期至成熟期，由于胡麻群体的生物量较大，消耗水分较多，故成熟期各处理 0~80 cm 的土壤含水量均较青果期显著下降，且 0~20 cm 和 20~40 cm 土层均以普通地膜 F_1 和降解较慢的 F_2、F_3 的下降幅度最大，而无覆膜和降解较快的 F_4 降幅较小，这进一步表明了群体的水分消耗、降雨量及地膜成分对土壤水分含量的综合影响。成熟期，0~20 cm 和 20~40 cm 土层的含水量，均以 F_0 或 F_4 最高，显著高

于覆膜的 F_1、F_2 和 F_3 处理；而 40 cm 以下的土层，5 个处理间差异较小，当仍呈现以 F_0、F_4 高于其他处理的趋势。2018 年度如此的结果，和胡麻生育后期相对干旱的 2017 年度相比，充分表明了不同气候年型间地膜覆盖的效果差异。

3.5 不同地膜覆盖后胡麻田土壤温度效应分析

由图 3-8 可知，覆膜主要影响开花之前 0~15 cm 的土壤温度，分茎期及现蕾期覆膜的影响深度较大，可波及 15~25 cm 的土层。

胡麻出苗期叶片面积较小，土壤和外界进行能量交换的面积较大，土壤温度主要受太阳辐射和大气温度等的影响。此期气温较低，故土壤温度也低。此时，覆膜对 0~5 cm 表层土壤的增温效果最为明显，F_1、F_2、F_3、F_4 处理较未覆膜（F_0）处理分别提高了 2.72 ℃、1.61 ℃、0.39 ℃、2.00 ℃，普通地膜的增温效果显著高于生物降解地膜，降解膜的增温效果以 F_2 最佳。

覆膜处理的增温效果以分茎期最为显著，其主要原因是气温的逐渐升高及植株的郁闭遮阴程度相对也较低。分茎期，相对于不覆膜的 F_0，F_1、F_2、F_3、F_4 覆膜处理的温度，0~5 cm 土层分别提高了 1.89 ℃、1.79 ℃、1.39 ℃、1.00 ℃，5~10 cm 土层分别提高了 1.22 ℃、0.93 ℃、0.78 ℃、0.58 ℃，10~15 cm 土层分别提高了 1.11 ℃、0.67 ℃、0.38 ℃、0.22 ℃，15~20 cm 土层分别提高了 1.61 ℃、1.33 ℃、0.61 ℃、0.57 ℃，20~25 cm 土层分别提高了 1.2 ℃、0.67 ℃、0.48 ℃、0.22 ℃。各土层覆膜的增温效果均较明显，降解膜中仍以 F_2 的增温幅度最高。

现蕾期时，覆膜处理的增温效果减弱，原因是群体叶面积较大，田间郁闭程度较高，导致透光率减少，0~25 cm 的平均温度表现为

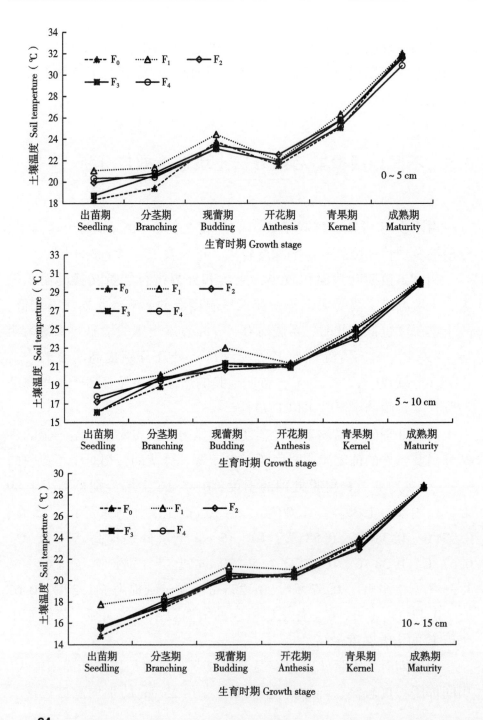

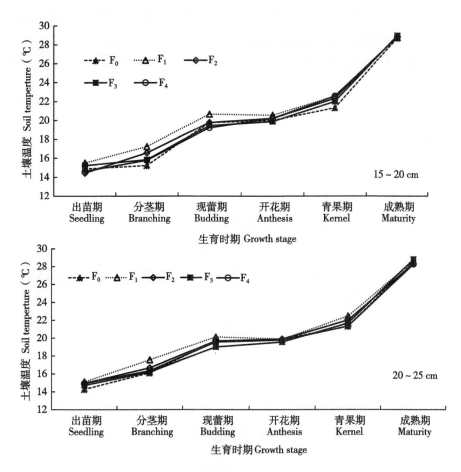

图 3-8　地膜覆盖对土壤温度的影响

Figure 3-8　Effect of film mulching on soil temperature

$F_1>F_2>F_3>F_4>F_0$，F_1、F_2、F_3、F_4 覆膜处理分别比 F_0 提高了 3.56 ℃、2.42 ℃、2.21 ℃、1.96 ℃，普通地膜的增温效果仍显著高于可降解地膜。

　　开花期，处理间 0~25 cm 的平均温度表现与现蕾期一致，覆膜处理的 F_1、F_2、F_3、F_4 分别比 F_0 提高了 2.46 ℃、2.02 ℃、1.61 ℃、1.56 ℃。现蕾期到开花期，生物降解膜开始出现不同程度的降解，具有明显的大小不一的裂缝，导致增温效果逐渐减弱，但都具有一定的增温和保温效果；3 种不同厚度的生物降解膜之间的温度无显著差异，但保温效果均低于普通地膜。

青果期，胡麻叶面积达到最大，群体的郁闭程度也达到峰值，因地上群体严重影响了地面对太阳辐射的吸收，覆膜处理失去了增温效果，覆膜与否的土壤温度无显著差异。

成熟期，叶片开始逐渐衰老，使得透光率增加，并且生物降解膜降解程度较大，0~25 cm 的平均温度 F_1 较 F_0、F_2、F_3、F_4 高 2.56 ℃、2.82 ℃、3.21 ℃、3.46 ℃。

综上所述，覆膜的增温效果随着生育进程的推进而变化，覆膜处理对生育前期的耕层土壤温度具有显著的增加效果；生育后期由于群体的郁闭遮阴和生物降解膜出现降解，保温效果逐渐减弱；成熟期又呈现出一定的增温作用。

3.6 小结

3.6.1 不同旧膜利用方式对旱地胡麻土壤水分的时空调控效应

胡麻生长全生育期内，不同旧膜覆盖利用条件下旱地胡麻在 0~200 cm 土层土壤含水量总体均呈现先降低后升高趋势，不同处理较对照（CK，T6）均有较好的保水效果，主要体现在 0~60 cm 或随温度上升含水量降低趋势延伸至 0~100 cm 土层深度。胡麻主要耕层 0~60 cm 土层含水量苗期处理间保水效果表现为：旧膜>新膜>露地，此时期收获后除旧覆新膜（T5）处理 0~60 cm 较低的土壤含水量可能与其秋后整地致使浅层土壤水分散失有关；枞形期、现蕾期及开花期则都呈现为：新膜>旧膜>露地，而成熟期则表现为：新膜>旧膜，旧膜与露地间差异不明显，此时旧膜直播（T1）对水分的维持基本与露地处理相似。不同旧膜覆盖方式的保墒效果主要集中在胡麻现蕾期前,对胡麻生育后期土壤贮水量影响不明显。其中,T4方式下贮水量在苗期、枞形期及现蕾期都能起到良好的保墒、抑制蒸散的效果,从而保证全苗、壮苗,并为后期籽粒形成奠定良好的物质基础。

3.6.2 不同旧膜利用方式对旱地胡麻土壤温度及有效积温的时空调控效应

不同旧膜利用方式处理后,胡麻全生育期0~25 cm土层温度变化与新膜及露地变化规律相似,均呈随生育进程的推进呈持续上升的近线性趋势,且不同土层出现峰值的时间均出现在成熟期,这与胡麻成熟时期恰值当地气温最高月份有关。不同处理对胡麻全生育进程土壤温度的调控主要表现在现蕾期前的播种、苗期和枞形期,且随生育时期推进及土层加深影响逐渐减弱,播种、苗期差异出现在15 cm土层内,枞形期则上移10 cm土层内。处理间对土层温度维持效应的响应差异则主要表现为新膜(T5)>旧膜(T4、T1、T2、T3)>露地(T6)。

全生育期总有效积温0~10 cm土层均表现为:新膜(T5)>旧膜(T4、T1、T2、T3)>露地(CK,T6),5 cm总有效积温T5、T4、T3、T1和T2分别比T6增加179.42 ℃·d、147.03 ℃·d、70.27 ℃·d、65.98 ℃·d和43.49 ℃·d,10 cm土层T5、T4、T1、T2和T3分别比T6增加253.65 ℃·d、197.40 ℃·d、182.48 ℃·d、154.15 ℃·d和119.05 ℃·d。

3.6.3 旱地胡麻生育期天数对不同旧膜利用方式的响应

不同覆盖处理对胡麻各生育时期天数的影响主要在播种—现蕾

期，此阶段 T5、T4、T1、T2 和 T3 分别较 T6（CK）生育期缩短 12.6 d、12.4 d、6.5 d、3.9 d 和 7.7 d，旧膜利用后较新膜平均缩短 7.6 d；全生育期天数则分别较对照缩短 15.6 d、17.4 d、10.9 d、5.8 d 和 10.1 d，旧膜利用较对照平均缩短 11.1 d。

3.6.4　种植密度对旱地胡麻土壤水分的时空调控效应

种植密度对一膜两年用胡麻土壤不同土层含水量及 0~100 cm 耕层土壤贮水量的影响主要集中在胡麻由营养生长阶段进入生殖阶段前，土层含水量各生育时期基本都呈现出低密度优于高密度的态势，贮水量此态势主要体现在现蕾期。现蕾期，0~40 cm 土层含水量 D1、D2、D3 间无显著差异，均显著高于 D7，较 D7 分别高出 19.78%、16.10% 和 10.94%。低密度条件下，以苗期及现蕾期中 0~60 cm 土层水分含量明显高于高密度处理，这时株均水分的获得不但保证了苗期植株快速生长，经历了前期水分的吸收利用损耗外，也为全株进入生殖生长及籽粒形成提供了必要保证。

3.6.5　地膜类型对旱地胡麻土壤水分温度的调控效应

覆膜显著的集雨保墒和提高土壤含水量的作用主要体现在生育前中期和浅层土壤，胡麻开花期之前和 40 cm 以上土层的含水量覆膜显著高于露地，保墒作用的空间范围深度可至 100 cm；普通地膜的作用效果显著高于可降解地膜，可降解地膜的保墒效果随其厚度的增加而增加，F_4 的作用显著大于 F_2 和 F_3；F_1 和 F_4 的土壤含水量比不覆膜的 F_0 提高 5.66%~27.95%。试验年度生育后期较高的降雨量条件下，露地容易使降雨下渗，不覆膜的土壤含水量显著高于其他处理。

覆膜的增温效果随生育进程的推进而变化。覆膜显著增加了开花之前0~15 cm 的土壤温度；生育后期由于群体的郁闭遮阴和生物降解膜的降解，保温效果逐渐减弱；成熟期又呈现出一定的增温作用。普通地膜的增温效果高于可降解地膜；3 种可降解膜中，F_2 的增温程度较高。

4 地膜覆盖后土壤养分和微生物及胡麻氮素利用变化

4.1 覆膜及施氮对土壤有机质及有效氮含量的影响

4.1.1 覆膜及施氮对土壤有机质含量的影响

土壤有机质是稳定而长效的碳源物质，几乎含有作物所需要的各种营养元素，是衡量土壤肥力的一个重要指标。由表 4-1 可知，施肥处理显著影响胡麻各生育时期的土壤有机质含量，而不同覆盖材料对青果期和成熟期土壤有机质含量有显著影响，并且二者的互作也显著影响青果期和成熟期的土壤有机质含量。

覆膜不影响胡麻营养生长阶段的土壤有机质含量，但显著增加了现蕾之后有机质的分解速率（表 4-1、图 4-1）。由于是定位试验，本年度试验开始时，覆膜条件下的有机质含量显著高于未覆膜的露地。从图 4-1 可以看出，出苗和分茎期的有机质含量均呈现覆膜大于不覆膜的趋势。现蕾之后，覆膜条件下有机质的分解较露地明显，和现蕾期相比，开花期 F_0 和 F_1 的有机质分别降低了 17.69% 和 37.22%，成熟期分别降低了 36.43% 和 38.39%，可见，覆膜下的降解速率显著增加。这在一定程度上反映了微生物的分解活动对土壤水热变化响应的滞后性。生育后期，不同生物降解膜覆盖下土壤中有机质的矿化速率也具有一定差异。

表 4-1　覆膜和施肥互作对土壤有机质含量的影响　　（g·kg⁻¹）

Table 4-1　Effect of film mulching and fertilization on soil organic matter content

处理 Treatment	出苗期 Seedling	分茎期 Branching	现蕾期 Budding	开花期 Anthesis	青果期 Kernel	成熟期 Maturity
F	NS	NS	NS	NS	*	*
N	*	*	*	*	*	*
F×N	NS	NS	NS	NS	*	*

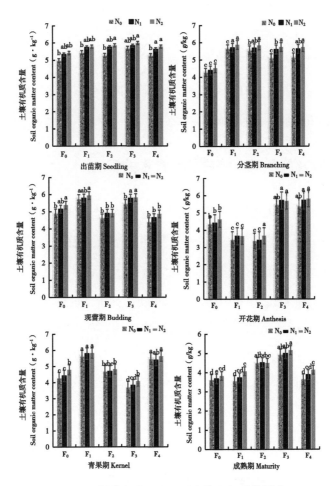

图 4-1　覆膜和施肥互作对土壤有机质的影响

Figure 4-1　Effect of film mulching and fertilization on soil organic matter content

施氮与否及氮肥配施显著影响各个生育时期的土壤有机质含量。3个施肥水平下的有机质含量均呈现随胡麻生育进程的推进而分解降低的趋势，施肥与否及氮肥种类不影响这种趋势本身；且各时期的耕层有机质均呈现 $N_2 > N_1 > N_0$ 的趋势，开花、青果和成熟期的有机质含量，与不施肥相比，N_1 分别增加了 4.94%、4.47% 和 5.71%，N_2 分别增加了 6.40%、5.76% 和 7.10%（$p < 0.05$），除成熟期 N_0 和 N_1 之间无显著差异外，其他施肥水平下均比不施肥显著增加。这表明施氮肥可以通过促进胡麻的生长而提高土壤有机质含量，有机无机配施处理具有较好的提升效果。当然，本年度试验初期土壤的有机质含量，是上一年度施肥和覆膜共同影响下的结果。

4.1.2　覆膜及施氮对土壤有效氮含量的影响

地膜覆盖与否及覆膜材料不影响土壤铵态氮的含量，施氮肥显著影响出苗期、分茎期、开花期、青果期和成熟期的铵态氮含量，地膜覆盖和施氮肥对铵态氮含量没有交互作用（表4-2）。在覆膜和施氮肥处理下，土壤铵态氮含量出苗期最高，之后随生育时期的推进而逐渐下降。3种施肥条件下，出苗期 N_2 下的铵态氮含量平均高于 N_1 10.23%，开花期和青果期，耕层的铵态氮均表现为施氮肥处理（N_1、N_2）与不施氮肥间差异显著，N_1、N_2 比 N_0 平均分别提高了 18.35% ~ 25.43%、21.35% ~ 26.32%，但 N_1 与 N_2 处理之间无显著差异。成熟期，N_1、N_2 比 N_0 分别提高了 16.43%、19.35%（$p < 0.05$）。由以上可以看出，施用氮肥可以提高土壤中的铵态氮含量，有机肥和无机肥配施提高的效果更好。

表4-2 覆膜和施肥互作对土壤铵态氮的影响

Table 4-2 Effect of film mulching and fertilization on ammonium nitrogen content in soil

处理 Treatment	出苗期 Seedling	分茎期 Branching	现蕾期 Budding	开花期 Anthesis	青果期 Kernel	成熟期 Maturity
F	NS	NS	NS	NS	NS	NS
N	*	*	NS	*	*	*
F×N	NS	NS	NS	NS	NS	NS

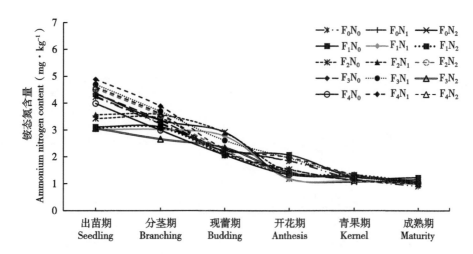

图4-2 覆膜和氮肥施用对耕层土壤铵态氮含量的影响

Figure 4-2 Effect of film mulching and nitrogen application on
ammonium nitrogen content inplough layer soil

地膜覆盖和氮肥施用显著影响土壤硝态氮的含量，二者的互作显著影响开花期的硝态氮水平（表4-3）。各处理下土壤硝态氮的含量均随胡麻生育时期的推进逐渐下降（图4-3）。覆膜与否及不同覆膜方式下，生育前期的土壤硝态氮含量无显著差异。开花期之后，覆膜处理显著高于未覆膜处理，说明地膜覆盖因促进有机质的矿质化活动而可以提高土壤中的硝态氮含量。开花期的土壤硝态氮各生物降解地膜之间没有显著差异。成熟期，生物降解膜高于未覆膜处理但未达到显著差异，而普通地膜和生物降解地膜之间的差异达到显著水平，F_1 较 F_2、F_3、F_4 分别提高 9.84%、8.04%，7.21%（$p<0.05$）。

表4-3　覆膜和施肥互作对土壤硝态氮含量的影响

Table 4-3　Effect of film mulching and fertilization on soil nitrate nitrogen

处理 Treatment	出苗期 Seedling	分茎期 Branching	现蕾期 Budding	开花期 Anthesis	青果期 Kernel	成熟期 Maturity
F	NS	NS	NS	*	*	*
N	*	*	*	*	NS	NS
F×N	NS	NS	NS	*	NS	NS

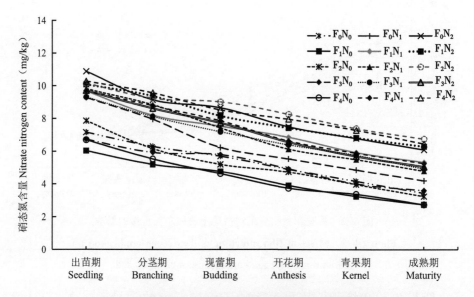

图4-3　覆膜和氮肥施用对耕层土壤硝态氮含量的影响

Figure 4-3　Effect of film mulching and nitrogen application

on nitrate nitrogen content in cultivated soil

施氮肥显著影响生育前中期的土壤硝态氮含量，但不影响开花之后的耕层硝态氮水平。出苗期到开花期，施肥处理显著高于 N_0 处理，N_1、N_2 较 N_0 的土壤硝态氮含量增加了 18.94%~26.64%、22.35%~29.22%（$p<0.05$）。出苗期，N_1、N_2 之间达到显著差异，N_1 比 N_2 高

6.57%（$p<0.05$）。而分茎期、现蕾期和开花期，施氮肥处理之间无显著差异。

4.2　覆膜及施氮对土壤微生物数量的影响

4.2.1　细菌数量的变化特征

由表4-4可知，在施用氮肥的条件下，氮肥的种类影响耕层中细菌的数量。0～30 cm土层中的土壤细菌数量，苗期，N_1和N_2之间达到显著差异，N_2较N_1提高11.6%（$p<0.05$）；而开花期和成熟期，两种施氮方式下细菌数量虽然也呈现N_2大于N_1的趋势，但二者之间无显著差异。同样施氮肥方式下，覆膜材料影响耕层土壤中的细菌数量，三个测定时期均呈现F_2高于F_1的趋势，但二者的差异不显著，而F_1和F_2均显著高于F_0的趋势，开花期F_1、F_2处理分别较F_0提高8.6%、9.02%，成熟期分别较F_0提高9.61%、10.87%。

表4-4　覆膜和氮肥施用对土壤微生物数量的影响

Table 4-4　Effect of film mulching and nitrogen fertilizer application on the number of soil microorganisms

生育时期 Growth period	处理 Treatment		细菌(10^6cfu·g^{-1}) Bacterial	真菌(10^2cfu·g^{-1}) Fungi	放线菌(10^4cfu·g^{-1}) Actinomycetes
	N_1	F_0	14.68c	5.46c	6.77c
		F_1	18.22b	6.17a	22.58b
出苗期 Seedling		F_2	20.36a	6.08a	25.18a
	N_2	F_0	15.35c	5.59c	7.35c
		F_1	20.45a	6.89b	23.86b
		F_2	21.22a	6.99b	25.89a

（续表）

生育时期 Growth period	处理 Treatment		细菌(10^6cfu·g^{-1}) Bacterial	真菌(10^2cfu·g^{-1}) Fungi	放线菌(10^4cfu·g^{-1}) Actinomycetes
开花期 Anthesis	N_1	F_0	23.28c	23.28c	10.73c
		F_1	52.16b	40.81a	30.58b
		F_2	67.36a	40.42a	32.76a
	N_2	F_0	25.82c	24.52c	12.81c
		F_1	58.99b	42.56a	31.72b
		F_2	69.31a	41.98a	33.52a
成熟期 Maturity	N_1	F_0	534.29c	412.78c	316.29c
		F_1	873.91b	587.32a	936.28b
		F_2	905.91a	586.82a	1029.73a
	N_2	F_0	572.65c	419.72c	336.72c
		F_1	890.61b	590.44a	940.03b
		F_2	910.21a	592.67a	1054.64a

注：表中同列不同的小写字母表示在5%水平上差异显著，下同。

Note：Different letters in the same column indicate significance among treatments at 5% level. The same as below.

4.2.2 真菌数量的变化特征

土壤中真菌占微生物数量的比例较低，但是其重要的组成部分。由表4-4可以看出，苗期、开花期、成熟期，在施氮水平一致的条件下，覆膜处理（F_1、F_2）耕层的真菌显著高于未覆膜处理（F_0），苗期分别较F_0提高6.8%、7.5%（$p<0.05$），开花期分别较F_0提高8.31%、9.22%（$p<0.05$），成熟期分别较F_0提高10.25%、13.89%（$p<0.05$），但覆膜材料间的差异相对较小。在氮肥用量一致的情况下，是否配施有机肥不影响0~30 cm土层的真菌数量。

4.2.3　放线菌数量的变化特征

由 3 个主要生育时期的数据分析可知（表 4-4），有机无机肥配施与单施无机肥的土壤放线菌数量与细菌数量，在胡麻的三个主要生育时期内变化趋势一致，即有机无机配施肥（N_2）有助于放线菌的繁殖，其促生效果呈现高于单施无机肥（N_1）的趋势，但二者之间差异不显著。耕层土壤的放线菌数量，苗期、开花期和成熟期均表现出 $F_2 > F_1 > F_0$ 的趋势。在开花期，覆膜处理（F_1、F_2）与未覆膜处理之间达到显著差异，生物降解膜（F_2）与普通地膜（F_1）之间也达到显著差异，F_2 较 F_1 显著提高了 12.54%。

4.3　覆膜及施氮对胡麻氮素吸收利用的影响

4.3.1　覆膜及施氮对胡麻氮素积累量的影响

胡麻植株氮素的累积随生育时期的推进逐渐增加，青果期达到最大，之后逐渐下降（图 4-4）。覆膜较不覆膜显著提高了生殖生长前中期的氮素累积量，而氮肥的施用显著促进了分茎之后氮素在植株体内的积累，但覆膜和氮肥在整个生育期内均没有交互作用。

整个生育期内，植株氮素的累积量，覆膜较不覆膜增加了 43.28%~45.78%，施氮肥较不施氮肥增加了 41.02%~48.54%，N_2 较 N_1 显著提高了 9.06%（$p<0.05$）；在青果期，生物降解膜 F_2、F_3、F_4 较普通地膜降低了 6.21%、5.22%、4.60%。

表 4-5 覆膜和施肥对胡麻氮素积累量的影响

Table 4-5 Effect of film mulching and fertilization on nitrogen accumulation of flax

处理 Treatment	出苗期 Seedling	分茎期 Branching	现蕾期 Budding	开花期 Anthesis	青果期 Kernel	成熟期 Maturity
F	NS	NS	*	*	*	NS
N	NS	*	*	*	*	*
F×N	NS	NS	NS	NS	NS	NS

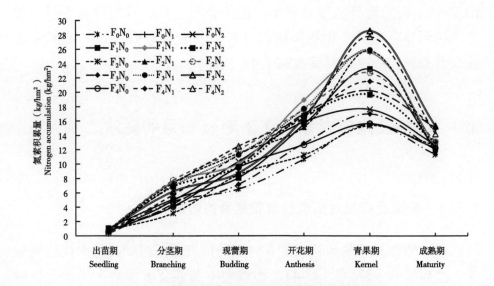

图 4-4 覆膜及氮肥种类对胡麻氮素累积量的影响

Figure 4-4 Effect of film mulching and nitrogen fertilizer
on nitrogen accumulation in flax

4.3.2 覆膜及施氮对胡麻氮素分配的影响

由图 4-5 可知，胡麻地上部分各器官中氮素的分配比率因氮肥和覆膜种类而异，氮肥和地膜互作影响氮素在各器官中的分配比率。营养生长阶段，各处理下地上的氮素均主要分配于叶片，茎秆中的氮素比例较低，覆膜和施肥均未改变这一分配趋势。开花之后，生长中心花和蒴果中的氮素比例逐渐升高成为氮素积累的主要部位。开花期和青果期，花中的氮素分配比率表现为施肥处理显著高于未施肥，且有机无机配施大于单施无机肥。成熟期各器官中氮素分配比例为：籽粒>茎>非籽粒（包括花蕾、花、蒴果皮等）>叶。籽粒中的氮素积累量 N_0 与 N_1 和 N_2 之间差异显著（$p < 0.05$），N_1、N_2 较 N_0 分别提高 12.42%、16.70%。这表明施肥促进了茎叶中的氮素向籽粒的转移，有机无机肥配施的促进作用更显著。

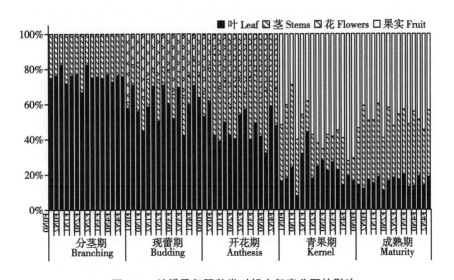

图 4-5　地膜及氮肥种类对胡麻氮素分配的影响

Figure 4-5　Effect of film mulching and nitrogen fertilizer

types on nitrogen distribution in flax

4.3.3　覆膜及施氮对氮肥利用效率的影响

由表 4-6 可知，氮肥的偏生产力，3 个氮素水平下平均为 5.71~ 7.09 kg/kg，N_1、N_2 较 N_0 分别显著增加了 13.31%、17.02%（$p < 0.05$），但 N_1 与 N_2 之间未达到显著性差异水平。氮肥偏生产力的变化

趋势与氮肥农学利用率相同，从高到低顺序依次为：$F_1 > F_4 > F_3 > F_2 > F_0$。覆膜处理下，生物降解膜 F_4 的表观利用率与其他覆膜之间差异显著，F_4 较 F_1、F_2、F_3 显著提高 8.89%、6.05% 和 7.65%。

氮肥农学利用率是指施用氮肥后作物增加的籽粒产量与施用氮肥量的比值，它表明施用每千克纯氮后增加作物籽粒产量的能力。由表 4-6 可知，3 个施肥水平下，N_1、N_2 较 N_0 显著增加了 34.89%、42.08%（$p < 0.05$）；覆膜的 F_1、F_2、F_3、F_4 与未覆膜间差异显著，分别较 F_0 显著增加了 15.00%、10.08%、13.54%、14.05%。F_0 的氮肥农学效率最低，为 $1.30 \text{kg} \cdot \text{kg}^{-1}$。以上结果表明，有机无机氮肥配施和覆膜可以提高胡麻对养分的吸收利用能力，从而提高氮肥的增产作用。

表 4-6　地膜及氮肥种类对氮肥利用率的影响

Table 4-6　Effect of film mulching and nitrogen fertilizer types on nitrogen use efficiency

处理 Treatment		氮肥偏生产力 Nitrogen fertilizer partial productivity （kg·kg^{-1}）	氮肥农学利用率 Nitrogen agronomic efficiency （kg·kg^{-1}）	氮肥表观利用率 Nitrogen apparent efficiency （%）
F×N				
F_0	N_1	5.71c	1.07b	7.25bc
	N_2	7.09a	1.52ab	6.74c
F_1	N_1	6.94bc	1.10b	5.95c
	N_2	6.99abc	1.45ab	9.22abc
F_2	N_1	6.71ab	1.16ab	8.57bc
	N_2	6.75ab	1.48ab	5.12c
F_3	N_1	6.94abc	1.96a	11.28ab
	N_2	6.84ab	1.20b	6.74c
F_4	N_1	6.90bc	1.73ab	13.25a
	N_2	6.92bc	1.87ab	12.50a
	F	*	*	*

（续表）

处理 Treatment	氮肥偏生产力 Nitrogen fertilizer partial productivity （kg·kg^{-1}）	氮肥农学利用率 Nitrogen agronomic efficiency （kg·kg^{-1}）	氮肥表观利用率 Nitrogen apparent efficiency （%）
N	*	*	NS
F×N	NS	NS	NS

4.4　小结

4.4.1　土壤养分对覆膜和施氮后的的响应分析

覆膜显著增加了现蕾之后有机质的分解速率。施氮显著增加了各个生育时期的土壤有机质含量，有机无机氮肥配施的促进作用大于单施无机氮肥。地膜覆盖与否不影响土壤铵态氮的含量；但单施无机氮肥及有机无机配施均显著提高了各生育时期的耕层铵态氮水平。覆膜与否及覆膜材料不影响生育前期的土壤硝态氮含量，但开花期之后覆膜显著高于不覆膜。施氮肥显著提高了生育前中期的土壤硝态氮含量，但不影响开花之后的耕层硝态氮水平。

4.4.2　覆膜和施氮对土壤微生物的调控分析

有机无机氮肥配施较单施无机肥显著提高了苗期耕层土壤中的细菌数量，但氮肥来源不影响真菌和放线菌的数量。覆膜显著提高了耕层的细菌、真菌和放线菌数量。施用有机肥的处理，微生物增长趋势为：细菌>放线菌>真菌。覆膜处理下土壤细菌、真菌、放线菌数量显著多于未覆膜处理，覆膜处理之间微生物数量差异不显著。

4.4.3 覆膜和施氮后氮素吸收利用分析

覆膜较不覆膜显著提高了生殖生长前中期的氮素累积量，生物降解膜对氮素积累的增加作用低于普通地膜。氮肥的施用显著促进了分茎之后氮素在植株体内的积累；有机无机氮肥配施的促进作用大于单施无机氮肥。与不覆膜相比，覆膜显著增加了胡麻植株体内的氮素累积量和氮素转移效率。相同覆盖措施下，有机无机配施处理的氮肥农学利用率、氮肥偏生产力显著高于未施氮肥的处理，地膜覆盖提高了胡麻花后氮素吸收累积和营养器官的氮素转运量。

5　地膜覆盖后胡麻干物质积累分配规律研究

干物质是作物光合作用同化产物的最高形式，其积累和分配与经济产量密切相关，因此，一直以来备受进行高产栽培研究农业科研工作者的重视，也是揭示作物高产机理的重要方面。干物质积累是作物产量形成的基础，生育期内干物质的积累量、分配及运转特征决定着产量的高低，在一定范围内，干物质积累量与产量呈正相关。胡麻干物质积累是其产量形成的物质基础，更是胡麻植株生长状况的直接反映。

5.1　一膜两年用胡麻单株生物量的积累与分配规律

5.1.1　旧膜利用方式下胡麻的生物量累积与分配

5.1.1.1　旧膜利用方式对胡麻地上部生物量积累的影响

由图 5-1 可见，旱地胡麻地上部生物量在不同旧膜处理方式下总体均呈直线上升趋势，但不同时期生物量的积累及其增长趋势对旧膜处理方式的响应不同。苗期，T4、T5 处理干物质积累量最高，分别达 0.48 g·株$^{-1}$ 和 0.46 g·株$^{-1}$，显著高于其他处理，分别是对照 T6 的 2.90 倍和 2.74 倍，其次为 T2、T3、T1，仍显著高于对照 T6 处理；苗期到枞形期各处理的增长趋势相同，但均明显高于对照 T6。枞形期，T4 处理达 3.01 g·株$^{-1}$，显著高于 T6，其余各处理间差异不显著；现蕾期，各处理干物质积累与枞形期相似，尽管此期 6 个处理间差异不显著，但 T4、T5 仍能积累较多的干物质，分别为 12.98 g·株$^{-1}$ 和 10.11 g·株$^{-1}$，其次为 T2、T3、T1，T6 最低，仅为 T4、T5 的 48.91%、62.86%；开花期，各处理间干物质积累量差异不显著，T5 最高，为 16.58 g·株$^{-1}$，T6 仍为最低（9.67 g·株$^{-1}$）。成熟期，T5、T1 干物质积累量分别达 22.10 g·株$^{-1}$ 和 21.31 g·株$^{-1}$，显著高于 T3 和 T6，而 T4、T2 与各处理差异不显著。由此可见，对照 T6 处理在不同生育时期干物质积累量均低于其他处理，而在胡麻营养生长期 T4 处理能够保持较高的干物质积累趋势，当转入生殖生长，T5 处理跃居首位，表现出更好地积累同化物的趋势。

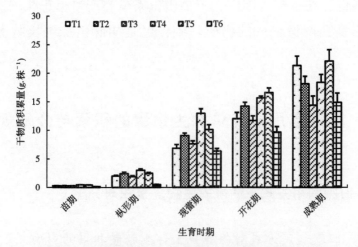

图 5-1　不同旧膜利用方式对胡麻地上部总生物量的影响
Fig. 5-1　Effect in total oil flax biomass overground under processing
patterns of residual plastic film

由表 5-1 可知，成熟期，籽粒干物质分配比例由高到低依次为 T4>T5>T2>T1>T3>T6，其中 T4、T5 比对照 T6 分别高出 9.30% 和 8.47%，差异达显著水平，T1、T2、T3 间差异不显著。主茎+分枝+果壳的分配比例主要表现为 T5、T4 和 T3 低于其余处理，T6 干物质的分配比例最高。由此表明，T4、T5 处理降低了干物质在主茎+分枝+果壳中的分配比例，提高了籽粒的干物质分配量和比例，有利于产量形成。T1、T2 和 T3 处理成熟期籽粒与主茎+分枝+果壳的分配比例介于 T4、T5 和 T6 之间，籽粒干物质分配比例从高到低为 T2>T1>T3 和 T1>T2>T3。叶片成熟期干物质分配比例因处理有所差异，但分配量间差异不显著。

表 5-1 旧膜利用方式对胡麻成熟期干物质在不同器官中分配的影响

Table 5-1 Effects of different reuse patterns of used plastic film on dry matter distribution in different organs of oil flax at maturity stage

处理	单株干重 (g)	籽粒		叶片		主茎+分枝+果壳	
		干重 (g)	比例 (%)	干重 (g)	比例 (%)	干重 (g)	比例 (%)
T1	2.24b	0.92bc	41.19	0.32a	14.11	1.00ab	44.70
T2	2.15b	0.90bc	41.89	0.43a	19.91	0.82abc	38.20
T3	2.09c	0.79cd	38.05	0.57a	27.23	0.73c	34.72
T4	2.90a	1.26a	43.43	0.59a	20.49	1.05a	36.08
T5	2.37b	1.01b	42.60	0.55a	23.14	0.81bc	34.26
T6	2.01b	0.68d	34.13	0.32a	15.89	1.01ab	49.98

注：表中同列不同小写字母代表处理间达 5%显著水平，下同。

5.1.1.2 开花后营养器官干物质再分配及其对籽粒的贡献率

不同旧膜利用方式中，T4 处理开花后干物质积累量和同化量对籽粒的贡献率均表现为最高（表 5-2），分别为 1 085.80 kg·hm^{-2} 和 71.93%，其余处理方式由高到低依次为 T5、T1、T2、T3、T6。而营养器官开花前贮藏同化物转运量和花前贮藏同化物转运量对籽粒贡献率与之相反，表现为：T4<T5<T1<T2<T3<T6。可见，与露地播种对照以及旧膜直播、旧膜覆土直播和收获后覆盖秸秆翌年除秸秆播种相比，收获后留旧膜、翌年收旧膜覆新膜播种与收获后除旧膜、整地覆新膜翌年播种处理能显著提高花后干物质积累能力，增加花后干物质

在籽粒的比例，是其籽粒形成中同化物积累及高产的生理基础。

表5-2 旧膜利用方式对开花后营养器官干物质再分配的影响

Table 5-2 Effects of different reuse patterns of used plastic film on redistribution

of dry matter from vegetative organ of oil flax after anthesis

处理	营养器官开花前贮藏同化物转运量（kg·hm^{-2}）	花前贮藏同化物转运量对籽粒贡献率（%）	开花后干物质积累量（kg·hm^{-2}）	花后干物质同化量对籽粒的贡献率（%）
T1	408.27ab	34.84	763.57abc	65.16
T2	414.38ab	35.77	744.08bc	64.23
T3	394.02b	38.96	617.33c	61.04
T4	423.72a	28.07	1 085.80a	71.93
T5	437.27a	31.90	933.49ab	68.10
T6	266.14c	42.89	354.38d	57.11

5.1.2 不同密度下胡麻生物量累积与分配

5.1.2.1 种植密度对旱地一膜两年用胡麻叶面积的影响

由图5-2可见，同一种植密度下，胡麻单株绿叶面积随生育进程呈现先升后降的"单峰"曲线，且都在现蕾期达到最高。同一生育时期不同处理方式对胡麻单株叶面积的影响不尽相同。其中，苗期、枞形期、花期及成熟期，各处理间叶面积无显著差异，但均表现出随密度增加叶面积降低态势，D1处理在枞形期、现蕾期、花期和成熟期均居于首位，分别为24.15 cm^2、119.09 cm^2、63.93 cm^2、20.03 cm^2，比相同时期最低处理D5、D6、D7、D7分别高出32.11%、210.85%、43.79%、41.45%。现蕾期，D1显著高于D3、D4、D5、D6、D7，D6最低；D2显著高于D3、D6、D7；D4、D5间无显著差异，但都显著高于D6。由各时期胡麻单株绿叶面积的差异及其变化趋势可以看出，种植密度对叶面积的影响主要体现在现蕾期，不同密度处理下单株叶面积均在花期前达到最高，此时较大的叶面积所表征的强同化能力是其进行旺盛同化物运输的必要保证。

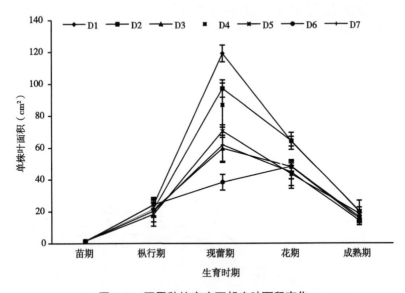

图 5-2　不同种植密度下胡麻叶面积变化

Fig. 5-2　Effects of different density on per plant leaf area of oil flax

5.1.2.2　种植密度对旱地一膜两年用胡麻地上部生物量积累的影响

　　由图 5-3 可见，不同密度处理下胡麻单株总干物质总体皆呈上升趋势，但不同生育时期干物质积累量及其增长趋势对密度处理的响应不同。苗期，各处理间干物质积累量无显著差异。枞形期，D1、D2 处理居高，分别达到了 0.73 g·株$^{-1}$、0.65 g·株$^{-1}$，二者间差异不显著，但均显著高于 D4、D5、D7，其余处理间无显著差异。现蕾期与成熟期所表现出的干物质积累差异相似，D1 积累量最高，分别达到 3.29 g·株$^{-1}$、5.98 g·株$^{-1}$，且分别较最低 D7 处理高出 87.09% 和 243.67%，显著高于其余 6 个处理，而其余处理间差异不显著。花期，D3、D4、间无显著差异，但均显著低于 D1；D2 与它们间差异不显著；最高 D1 较最低 D7 处理积累量增加 2.22 g·株$^{-1}$。自枞行期至花期，各处理干物质积累量均呈快速上升趋势，花期至成熟期，除低密度处理 D1、D2、D3、D4 继续保持增长外，D5、D6、D7 增长趋势不明显，甚至略有下降。可以看出，自枞形期开始，同一时期不同密度下干物质的积累量始终随密度降低而增加，其中，D1 效果尤为突出。

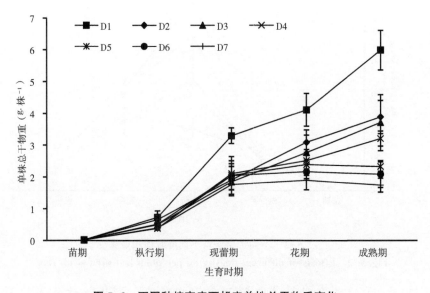

图 5-3 不同种植密度下胡麻单株总干物重变化

Fig. 5-3 Effects of different planting density on per plant total dry matter accumulation of oil flax

作物成熟期各器官干重占全株的比例在很大程度上能够反映到最终的产量形成中，尤其以反映经济产量的器官所占比重为最。由表5-3可见，不同密度处理下成熟期籽粒干重、叶片干重及主茎+分枝+果壳干重均以 D1 处理为最高，且基本都表现出随种植密度上升而不断下降的变化态势。其中，籽粒干重 D1 达到了 2.56 g，分别显著高出 D4、D5、D6、D7 处理 1.23 g、1.58 g、1.69 g 和 1.87 g，D2、D3 处理与其他处理间差异不显著，但亦分别高出最低 D7 处理 1.02 g 和 0.93 g，籽粒干重占单株干重的比例在各密度处理间由高到底依次为：D2>D3>D1>D4>D6>D5>D7。叶片干重及主茎+分枝+果壳干重处理间差异趋势相同，均为 D1 显著高于其余处理，其余处理间无差异显著性。

表 5-3   种植密度对胡麻成熟期干物质在不同器官中分配的影响

Table 5-3   Effects of different planting density on dry matter distribution in different organs of oil flax at maturity stage

处理	单株干重（g）	籽粒		叶片		主茎+分枝+果壳	
		干重（g）	比例（%）	干重（g）	比例（%）	干重（g）	比例（%）
D1	6.71a	2.56a	38.43	0.73a	10.64	3.42a	50.91
D2	3.99b	1.71ab	42.95	0.35b	8.87	1.93b	48.16
D3	3.91b	1.62ab	41.32	0.34b	8.54	1.95b	50.12
D4	3.49b	1.33b	38.23	0.32b	9.13	1.84b	52.63
D5	3.38b	0.98b	29.11	0.39b	11.36	2.01b	59.52
D6	2.70b	0.87b	32.51	0.30b	11.15	1.53b	56.33
D7	2.82b	0.69b	24.47	0.36b	12.76	1.77b	62.77

注：表中同列不同小写字母代表处理间达 5% 显著水平，下同。

5.1.2.3   不同密度下胡麻花后营养器官干物质再分配及其对籽粒的贡献率

表 5-4 表明，不同密度条件下一膜两年用胡麻花前贮藏同化物转运量及其对籽粒的贡献率均呈现随密度增加而减小的趋势，花前贮藏同化物转运量两两处理间差异变幅较大，为 79.09 ~ 508.69 kg·hm^{-2}，D1 显著高于其余 6 个处理，D2 显著高于 D4、D5、D6 和 D7，D4、D5、D6 与 D3 差异不显著，但都显著高于 D7 处理，贡献率由高到低依次为：D2>D1>D3>D5>D4>D6>D7。花后干物质积累量表现为高密度处理 D7 最高，达到 1 177.47 kg·hm^{-2}，显著高于其他处理，其余处理间无显著差异，但两两处理间差异变幅较小，为 55.58 ~ 272.99 kg·hm^{-2}，由高到低依次为：D7>D6>D4>D3>D5>D1>D2，对籽粒的贡献率与之相似。可见，一膜两年用条件下，形成籽粒的同化物主要来源于花后同化量，这点可由花后不同密度下干物质同化量对籽粒的贡献率达到 56.59% ~ 81.66% 看出，且处理间差异不明显，而

籽粒形成的总同化物来源由花前和花后两部分构成，花前同化物转运量及对籽粒贡献率处理间差异显著，随密度上升下降显著，可能由于花前不同密度效应后，胡麻植株快速生长时对土壤水分、温度等条件更为敏感，密度增加使得株均资源锐减，分茎数、分枝数减少，同化面积下降，干物质积累降低。所以，尽管花后高密度处理下干物质积累量高于低密度处理，但除 D7 处理外，其余处理并无显著差异，不同密度处理间干物质总积累量的差异主要体现在花前的积累量上，从而导致了最终产量的形成以低密度为优。

表 5-4　种植密度对开花后营养器官干物质再分配的影响

Table 5-4　Effects of different planting density on redistribution of dry matter from vegetative organ of oil flax after anthesis

处理	营养器官开花前贮藏同化物转运量（kg·hm^{-2}）	花前贮藏同化物转运量对籽粒贡献率（%）	开花后干物质积累量（kg·hm^{-2}）	花后干物质同化量对籽粒的贡献率（%）
D1	773.01 a	42.06	1 064.94 b	57.94
D2	693.92 b	43.41	904.48 b	56.59
D3	527.36 bc	32.61	1 089.94 b	67.39
D4	403.63 c	26.88	1 097.72 b	73.12
D5	424.72 c	28.41	1 070.33 b	71.59
D6	411.40 c	26.83	1 121.89 b	73.17
D7	264.32 d	18.34	1 177.47 a	81.66

5.2　一膜两年用胡麻生长特性的变化特征

5.2.1　不同旧膜利用方式对胡麻净同化率及相对生长率的影响

　　与红外线 CO_2 测定仪及光合仪等对充分发育而未衰老单叶测定的结果相比，通过植株干物重增加与总叶面积两个因子间接得出的植株净同化率一直是反映作物群体生产能力的主要指标之一。表 5-5 呈现的胡麻生育进程中 NAR 因处理不同而有所差异，苗期—枞形期 T4 处理 NAR 为第一位，达到了 10.66 g·m^{-2}·d^{-1}，其次为 T2、T1、T5、T3，T6 最低，仅为最高 T4 的 38.86%，此 NAR 的差异与相应时期干物质的积累趋势相似（图 5-1）；枞形期—现蕾期中对照 T6 的 NAR 达到了最高的 21.57 g·m^{-2}·d^{-1}，可能主要由其枞形期显著低于其他处理的净干物质积累量所致，此进程中其余处理 NAR 依次为 T4、T5、T2、T3、T1；现蕾期—花期 T5 处理 NAR 显著高于其他处理，达到了 89.63 g·m^{-2}·d^{-1}，而 T4 最低的 NAR 可能与其在经历了营养生长期干物质积累的快速增长后，此时缓慢增长的趋势一致（图 5-1）。

作物在生长过程中，生育前期积累越多，则生产效能越高，所形成的干物质就能越多地用于后期库的积累。由表 5-5 可知，苗期—枞形期 T6 处理 RGR 最低，仅为 0.070 g·g^{-1}·d^{-1}，其余处理差异不明显；枞形期—现蕾期此时期为胡麻快速生长期，T4 处理 RGR 最高，达到了 0.0695 g·g^{-1}·d^{-1}，其次为 T5、T3、T1、T2，T6 仍然最低，仅为 0.057g·g^{-1}·d^{-1}；现蕾期—花期中，T5 处理 RGR 显著高于其他处理，为 0.18g·g^{-1}·d^{-1}，显著高于其他处理，其次为 T1、T2、T3、T6、T4，分别为 T5 处理 RGR 的 30.50%、24.46%、23.38%、22.83%、10.16%。由此可知，胡麻各生育进程中 RGR 对不同处理的响应直接反映了其干物质的积累。

表 5-5　不同旧膜利用方式对胡麻生育期进程干物质积累特性的影响

Table 5-5　Effect in dry matter accumulation characters for oil flax growth course under processing patterns of residual plastic film

项目	生育期进程	旧膜利用方式					
		T1	T2	T3	T4	T5	T6
净同化率（NAR）(g·m^{-2}·d^{-1})	苗期—枞形期	8.95	9.45	7.14	10.66	8.06	4.09
	枞形期—现蕾期	9.65	11.88	10.96	15.14	13.14	21.57
	现蕾期—花期	23.94	21.24	17.98	9.29	89.63	15.23

（续表）

项目	生育期进程	旧膜利用方式					
		T1	T2	T3	T4	T5	T6
相对生长率（RGR）$(g \cdot g^{-1} \cdot d^{-1})$	苗期—枞形期	0.1094	0.1168	0.1038	0.1079	0.0987	0.0703
	枞形期—现蕾期	0.0585	0.0626	0.0662	0.0695	0.0670	0.0577
	现蕾期—花期	0.0561	0.0450	0.0430	0.0187	0.1839	0.0420

5.2.2　种植密度对一膜两年用胡麻净同化率及相对生长率的影响

在相同的作物品种及生长环境限制下，种植密度能够作为有效的栽培调控措施，影响作物对光照、热量、水分、温度等资源的竞争。由表5-6可以看出，作为反映作物田间群体光合同化能力重要指标的净同化率（NAR），均以低密度D1处理下最高，且基本都呈现随种植密度增加而降低的趋势。苗期—枞形期，D1最高，达到14.77 $g \cdot m^{-2} \cdot d^{-1}$，其余依次为：D2、D6、D3、D4、D7、D5，D1较最低D5处理显著高出2.05倍；枞形期—现蕾期，NAR由高到低依次为：D3、D1、D4、D2、D5、D6、D7，D3、D1分别较最低D7处理高出5.27倍和5.13倍；现蕾期—花期，NAR由高到低依次为：D1、D3、D2、D4、D7、D5、D6，D1、D3分别较最低D6处理高出8.84倍和7.17倍；可见，随生育进程的推进，种植密度对胡麻净同化率的影响程度逐步加深。

种植密度对胡麻生育进程内相对生长率的调控因处理不同而有所差异，苗期—枞形期，各处理间RGR无显著差异，但D1、D2高于其他处理，分别达到了0.1230 $g \cdot g^{-1} \cdot d^{-1}$、0.1218 $g \cdot g^{-1} \cdot d^{-1}$；枞形期—现蕾期，以D4、D5较高，但处理间差异仍未达到显著水平；现蕾期—花期，D2、D3较高，二者间差异不显著，均显著高于其余处理，其余依次由高到低为：D1、D4、D5、D7、D6，前三者间差异不显著，均显著高于 D6、D7。由此可知，尽管各生育时期 NAR 处理间差异明显，但反映到干物质生产率（RGR）时，可能由于生育前期胡麻植株相对矮小，苗期—现蕾期中种植密度对 RGR 的调节并不明显，现蕾期及以后，这种生产能力才变现出随密度的上升而下降的趋势。

表 5-6 不同种植密度对胡麻生育期进程干物质积累特性的影响

Table 5-6 Effect in dry matter accumulation characters for oil flax growth course under different planting density

项目	生育期进程	种植密度						
		D1	D2	D3	D4	D5	D6	D7
净同化率（NAR）（g·m^{-2}·d^{-1}）	苗期—枞形期	14.77	11.05	8.28	6.37	4.84	10.50	5.69
	枞形期—现蕾期	11.07	4.14	11.31	4.58	3.343	2.805	1.803
	现蕾期—花期	21.60	12.36	17.95	9.545	3.463	2.195	6.10
相对生长率（RGR）（g·g^{-1}·d^{-1}）	苗期—枞形期	0.1230	0.1218	0.1119	0.1007	0.1062	0.1162	0.1020
	枞形期—现蕾期	0.0430	0.0304	0.0375	0.0486	0.0482	0.0393	0.0428
	现蕾期—花期	0.0171	0.0370	0.0312	0.0136	0.0119	0.0046	0.0058

5.3 覆膜及施氮后胡麻地上部干物质积累变化

由表 5-7 和图 5-4 可知，覆膜和施氮肥显著影响胡麻生育前期的干物质积累。现蕾期，施肥和覆膜对现蕾期的干物质积累量具有显著的交互作用。

覆膜显著提高了出苗到现蕾期的干物质积累量，F$_1$、F$_2$、F$_3$、F$_4$较未覆膜 F$_0$ 分别提高了 21.54% ~ 28.21%、16.02% ~ 19.45%、15.28%~18.51%和 19.54%~26.37%。开花期，各覆膜处理间的干物质积累量差异不显著，但 F$_1$、F$_2$、F$_3$、F$_4$ 较 F$_0$ 分别显著提高了6.08%、4.56%、5.04%和 5.56%。覆膜与否及覆膜材料不影响生殖生长中后期的干物质积累量，这可能与中后期降雨量较高有关。

表 5-7　覆膜和施肥对胡麻干物质积累量的影响

Table 5-7　Effect of film mulching and fertilization on dry matter accumulation of flax

处理 Treatment	出苗期 Seedling	分茎期 Branching	现蕾期 Budding	开花期 Anthesis	青果期 Kernel	成熟期 Maturity
F	*	*	*	NS	NS	NS
N	*	*	*	*	NS	NS
F×N	NS	NS	*	NS	NS	NS

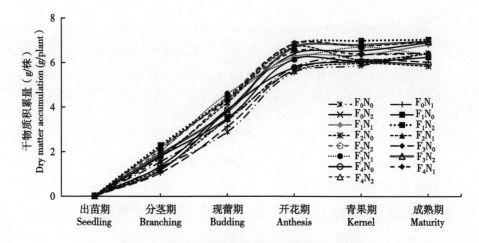

图 5-4　不同处理下的胡麻干物质积累动态变化

Figure 5-4　Dynamic changes of dry matter accumulation

of flax under different treatments

氮肥施用显著促进了营养生长期和生殖生长前中期的干物质积累。现蕾期，施肥处理 N_2 的单株干物质量达到 4.68 g，此积累水平与 N_1 间无显著差异，但显著高于 N_0，N_1、N_2 较 N_0 分别提高 4.56%、6.04%。现蕾之前，N_1 的促生作用高于 N_2，而现蕾之后则相反。

覆膜和施肥仅对胡麻生育前中期的干物质积累促进作用显著，这可能与覆膜的集雨保墒增温效果主要体现在生育前中期有密切的关系。

由图5-5和表5-8可知，覆膜显著影响营养生长后期和生殖生长前中期的干物质积累速率，施肥显著影响分茎之后各阶段的干物质积累速率，覆膜和施肥对干物质积累速率的交互作用主要体现在现蕾期—开花期。

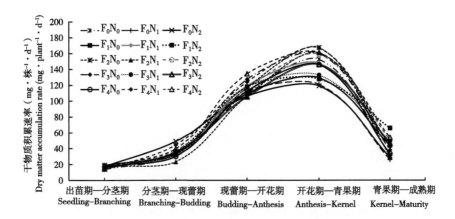

图5-5　不同处理下的干物质积累速率

Figure 5-5　Accumulation rate of flax dry matter under different treatments

表 5-8　覆膜和施肥对胡麻干物质积累速率的影响

Table 5-8　Effect of film mulching and fertilization
on dry matter accumulation rate of flax

处理 Treatment	出苗期—分茎期 Seedling-Branching	分茎期—现蕾期 Branching-Budding	现蕾期—开花期 Budding-Anthesis	开花期—青果期 Anthesis-Kernel	青果期—成熟期 Kernel-Maturity
F	NS	*	*	*	NS
N	NS	*	*	*	*
F×N	NS	NS	*	NS	NS

分茎期至青果期，覆膜均显著提高了干物质的积累速率。开花之前，普通地膜覆盖下的干物质积累速率显著高于生物降解地膜和未覆

膜处理，增幅为 5%～20%（$p<0.05$），而开花之后生物降解地膜 F_2、F_3、F_4 对干物质积累的加速作用显著，开花期—青果期其干物质积累速率比普通地膜和未覆膜提高 6%～18%（$p<0.05$）。

分茎期—成熟期的干物质积累速率均呈现出 N_1、N_2 显著高于 N_0 的趋势，但氮肥种类影响积累速率的加速时段。单施无机肥的加速作用开花前大于而开花后小于有机无机氮肥配合施用。

以上表明，普通地膜和无机氮肥显著增加了花期之前的干物质积累速率，而生物降解地膜和有机无机氮肥配施利于开花之后干物质的加速累积。

5.4 小结

5.4.1 旧膜再利用方式对旱地胡麻干物质积累、分配及对籽粒贡献的调控

不同旧膜利用及新膜处理各生育时期总干物质积累量均高于对照 T6，胡麻营养生长期 T4 处理保持较高的干物质积累趋势，分别在苗期、枞形期达到 0.48 g·株$^{-1}$ 和 3.01 g·株$^{-1}$，当转入生殖生长，T5 处理跃居首位，新膜优于旧膜和露地处理的保水保温效果导致更好地积累同化物的趋势。成熟期，T4、T5 提高籽粒干物质分配比例，降低主茎+分枝+果壳中的干物质分配，且都与对照间差异显著，其花后干物质同化量对籽粒的贡献率亦较高，分别达 71.93% 和 68.10%，有利于产量形成。其余 3 种旧膜利用方式中，籽粒与主茎+分枝+果壳的分配比例及花后干物质同化量对籽粒的贡献率亦均高于对照，以 T1 为优。叶片干物质积累此时期处理间差异不明显。可见，4 种旧膜利用处理中，T4 处理能起到媲美新膜处理（T5）的物质积累和籽粒形成分配，其余 3 种旧膜处理中，则以 T1 效果明显。

5.4.2　种植密度对一膜两年用胡麻干物质积累、分配及对籽粒贡献的调控

种植密度对叶面积的影响主要在现蕾期，各时期叶面积增加除 D6 有所滞后外，其余处理均在花期前达到最高。各生育时期总干物质积累量、成熟期籽粒干重、叶片干重及主茎+分枝+果壳干重均随密度增加而降低，低、高密度间总干物质积累量差异自枞形期开始，花期至成熟期，除低密度处理 D1、D2、D3、D4 继续保持增长外，D5、D6、D7 增长趋势不明显，甚至略有下降。其中，D1 效果尤为突出。

花前贮藏同化物转运量及其对籽粒的贡献率随密度增加而减小，两两处理间差异变幅较大，为 79.09~508.69 kg·hm^{-2}，花后干物质积累量及其对籽粒的贡献率 D7 最高，达到 1 177.47 kg·hm^{-2}，显著高于其他处理，其余处理间无显著差异，但两两处理间差异变幅较小，为 55.58~272.99 kg·hm^{-2}，不同密度处理间干物质总积累量的差异主要体现在花前的积累量上，从而导致了最终产量的形成以低密度为优。

5.4.3　旧膜利用方式和种植密度对旱地胡麻生长特性变化特征的影响

旧膜利用方式处理对胡麻 NAR 的调控中，4 种旧膜利用方式里 T4 在苗期—枞形期调控效应最显著，其余 3 种处理亦均优于对照，依次为：T2、T1、T3，植株快速生长；新膜覆盖的 T5 在现蕾期—花期 NAR 显著高于其他处理，达到了 89.63g·m^{-2}·d^{-1}，此时 T4 最低的 NAR 可能与其在经历了营养生长期干物质积累的快速增长后时缓慢增长的趋势一致。RGR 处理间差异变化同植株总干物质积累变化趋势

类似，枞形期—现蕾期，T4 处理 RGR 最高，达到 $0.0695\ g \cdot g^{-1} \cdot d^{-1}$，现蕾期—花期，T5 显著高于其他处理，为 $0.18\ g \cdot g^{-1} \cdot d^{-1}$，其次为 T1、T2、T3、T6、T4，分别为 T5 处理 RGR 的 30.50%、24.46%、23.38%、22.83%、10.16%。由此可知，胡麻生育进程中 RGR 对不同处理的响应直接反映了其干物质的积累。

不同密度处理后净同化率（NAR）均以低密度 D1 处理下最高，随种植密度增加而降低。苗期—枞形期，D1 较最低 D5 处理显著高出 2.05 倍；枞形期—现蕾期，D3、D1 分别较最低 D7 处理高出 5.27 倍和 5.13 倍；现蕾期—花期，D1、D3 分别较最低 D6 处理高出 8.84 倍和 7.17 倍，可见，随生育进程的推进，种植密度对胡麻净同化率的调控程度逐步加深，差异明显。干物质生产率（RGR）则可能由于生育前期胡麻植株相对矮小，苗期—现蕾期种植密度对其调节并不明显，现蕾期及以后，这种生产能力才表现出随密度的上升而下降的趋势。

5.4.4 覆膜及施氮肥对旱地胡麻干物质积累特性的调节

覆膜较未覆膜缩短了胡麻营养生长时间但延长了其生殖生长时间。覆膜和施肥显著促进了胡麻生育前中期的干物质积累。地膜覆盖提高了现蕾之前植株的干物质积累量，F_1、F_2、F_3、F_4 较 F_0 分别提高了 21.54% ~ 28.21%、16.02% ~ 19.45%、15.28% ~ 18.51% 和 19.54%~26.37%。氮肥施用显著促进了营养生长期和生殖生长前中期的干物质积累，营养生长阶段的促生作用 N1>N2，而花期相反。

6 地膜覆盖后胡麻叶片生理生态特性变化特征

作物的生长发育与新陈代谢是其应对内外部环境变化的综合过程，其中，生理特性的变化是不同生育阶段能否顺利进行的重要反映。有关覆盖物对玉米、小麦、水稻等作物处理后作物相应的生理生态响应都有一定研究，作物生理特性响应因覆盖物、作物种类、研究方法和发育阶段等均有不同程度的差异，但均对阐释作物生长发育的生理基础做出了积极贡献。本章结合一膜两年用条件和胡麻生育期内可能面临的逆境胁迫，研究其叶片生理指标的阶段性变化规律，为揭示旱作胡麻一膜两年用高产奠定一定的生理基础。

6.1 地膜覆盖利用后旱地胡麻叶面积的变化

6.1.1 旱地一膜两年用胡麻叶面积动态变化特征

由图 6-1 可知，同一旧膜利用方式下，胡麻植株随生育期进程其单株绿叶面积均呈现先上升后下降的单峰曲线，且叶面积都在现蕾期达到最高。现蕾期植株即将由营养生长进入生殖生长，高的叶面积所表征的强同化能力是其进行旺盛同化物运输的必要保证。同一生育期不同处理方式对胡麻单株绿叶面积的影响不同，苗期 T5、T3 处理叶面积最高，分别达到了 7.63 cm^2、6.42 cm^2，显著高于其他处理（$p<$

0.05，下同），T4、T2、T1 处理次之，但都显著高于 T6，T6 处理最低。枞形期各处理叶面积除 T6 处理外，其余处理较苗期均快速上升，且均显著高于对照 T6 处理，依次为 T4、T5、T2、T3、T1，分别达到了 27.26 cm²、25.06 cm²、23.86 cm²、22.80 cm²、22.13 cm²，它们之间无显著差异。现蕾期各处理叶面积表现出了与枞形期相同的趋势，T4、T5 处理显著高于其他处理，达到了 35.80 cm²、30.46 cm²，比最低 T6 处理分别增加了 53.91%、30.95%，尽管此时期 T6 处理较其枞形期快速上升，但仍显著低于其他处理。花期各处理间叶面积差异不显著，但 T4、T5 处理仍明显高于其他处理。由各时期胡麻单株绿叶面积的差异及其变化趋势可以看出，对照 T6 处理较其他处理，尤其是 T4、T5 处理生育期间叶面积增长趋势有明显的滞后现象。

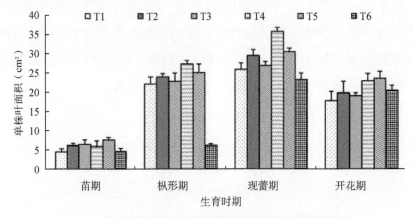

图 6-1　不同旧膜利用方式对胡麻单株绿叶面积的影响

Fig. 6-1　Effect in single plant leaf area of oil flax under processing patterns of residual plastic film

6.1.2　覆膜及施氮后旱地胡麻叶面积动态变化特征

作物的光合作用主要发生在叶片部位，作物通过光合作用来完成有机物积累，从而运输到各个器官供其正常生长发育，由表 6-1 可以看出，施肥与否及氮肥种类均不影响各个时期的叶面积；覆膜与否仅影响叶片开始发生的出苗期和叶片趋于衰亡的成熟期的叶面积，而前期充足光合源的形成对于形成壮苗进而给中后期的良好生长发育奠定了良好的基础，生育后期维持较高的叶面积有利于干物质的持续积累和向籽粒转移，进而提高经济产量。因施肥水平不影响各个生育时期的叶面积，故施肥和覆膜之间对叶片的扩展亦无交互作用。

出苗期，覆膜的4个处理（F_1、F_2、F_3、F_4）均和未覆膜处理 F_0 间的叶面积差异达到显著水平，F_4、F_3、F_2、F_1 较 F_0 分别提高 0.56 cm²·株⁻¹、0.34 cm²·株⁻¹、0.28 cm²·株⁻¹、0.49 cm²·株⁻¹，但覆膜水平之间无显著差异。现蕾之后，生殖生长为主导，叶面积的扩展速度减缓，开花期以后开始降低。在覆膜处理下，叶面积总体表现为：$F_4>F_1>F_3>F_2>F_0$。

表 6-1 地膜及氮肥种类对胡麻叶面积的影响（cm²·株⁻¹）

Table 6-1 Effect of film mulching and nitrogen fertilizer on leaf area of flax（cm²·plant⁻¹）

处理 Treatment		出苗期 Seedling	分茎期 Branching	现蕾期 Budding	开花期 Anthesis	青果期 Kernel	成熟期 Maturity
F×N							
F_0	N_0	1.46d	45.92a	87.17a	88.30a	75.79b	64.53c
	N_1	1.54cd	49.18a	86.87a	95.19a	86.27ab	66.77bc
	N_2	1.56bcd	46.93a	91.75a	96.21a	87.54ab	65.69bc
F_1	N_0	1.61bcd	62.49a	96.14a	97.30a	85.35ab	69.78abc
	N_1	1.99ab	65.34a	99.89a	99.75a	94.91a	74.48a
	N_2	1.81abcd	62.03a	95.87a	99.46a	92.30ab	74.38a
F_2	N_0	1.62bcd	62.10a	95.39a	94.16a	91.28ab	72.85ab
	N_1	1.85abcd	62.03a	95.34a	92.40a	91.31ab	70.14abc
	N_2	1.89abcd	64.57a	99.58a	94.77a	91.81ab	72.54ab
F_3	N_0	1.63abcd	61.18a	97.44a	94.99a	90.75ab	72.69ab
	N_1	1.85abcd	56.43a	89.77a	95.86a	90.73ab	72.67ab

（续表）

处理 Treatment		出苗期 Seedling	分茎期 Branching	现蕾期 Budding	开花期 Anthesis	青果期 Kernel	成熟期 Maturity
	N_2	1.54cd	63.58a	93.58a	95.65a	91.637ab	70.05abc
F_4	N_0	1.96abc	63.60a	93.07a	95.43a	89.18ab	71.91ab
	N_1	1.96abc	60.95a	97.87a	94.99a	93.62a	72.83ab
	N_2	2.06a	45.82a	95.10a	100.66a	95.07a	74.42a
	F	*	NS	NS	NS	NS	*
	N	NS	NS	NS	NS	NS	NS
	F×N	NS	NS	NS	NS	NS	NS

6.2　旱地一膜两年用胡麻全生育期丙二醛含量变化

由图 6-2 可见，胡麻枞形期 T4 处理叶片 MDA 含量达到 7.32 $\mu mol \cdot g^{-1}$，显著高于其他处理（除 T5 处理外）；T4、T5 处理次之；再次为 T1、T6 处理；T2 处理最低。现蕾期 T4 处理叶片 MDA 含量为 4.67 $\mu mol \cdot g^{-1}$，仍显著高于其他处理（除 T3 处理外）；T3、T5 处理次之；T1、T2、T6 处理叶片 MDA 含量趋于一致。盛花期 T4 处理叶片 MDA 含量达到 11.89 $\mu mol \cdot g^{-1}$，仍显著高于其他处理；T3、T5 处理次之；再次为 T1、T2 处理；T6 处理叶片 MDA 含量最低，但与 T2 处理未表现出显著差异。成熟期与现蕾期表现出同样的趋势，但 T1、T2 处理间叶片 MDA 含量表现出显著差异。成熟后期 T4、T5 处理叶片 MDA 含量分别为 26.26 $\mu mol \cdot g^{-1}$、25.57 $\mu mol \cdot g^{-1}$，显著高于其他处理；T1、T2、T3 处理叶片 MDA 含量基本一致，对照 T6 处理仍显著低于其他处理。

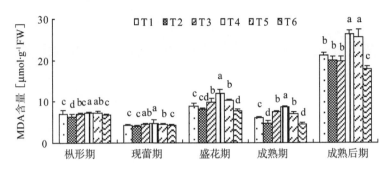

图 6-2 不同旧膜再利用方式下胡麻叶片丙二醛（MDA）含量的变化

Fig. 6-2 MDA content in oil flax leaves under different reuse
ways of used plastic film in the field

6.3 旱地一膜两年用胡麻全生育期超氧化物歧化酶活性变化特征

由图 6-3 可见，胡麻枞形期 T4、T5 处理叶片 SOD 活性分别达到 130.56 U·g^{-1}、130.71 U·g^{-1}，显著高于其他处理（$p < 0.05$，下同）；T3、T6 处理次之；再次为 T1 处理；T2 处理最低。现蕾期 T4 处理叶片 SOD 活性达到 147.32 U·g^{-1}，显著高于其他处理；T3、T5 处理次之；再次为 T1、T6 处理；T2 处理最低。盛花期 T3、T4、T5 处理叶片 SOD 活性趋于一致，分别为 175.51 U·g^{-1}、177.88 U·g^{-1}、176.32 U·g^{-1}，显著高于其他处理；T1 处理次之；T2、T6 处理最低。成熟期与现蕾期表现出同样的趋势。成熟后期 T3、T4 处理叶片 SOD 活性分别为 175.93 U·g^{-1}、177.84 U·g^{-1}，显著高于其他处理；T1、T2、T5 处理趋于一致；T6 处理最低。可见，T4 处理叶片 SOD 活性在各生长时期始终保持较大优势，T3、T5 处理次之，T1 处理在现蕾期后也显著高于对照（T6）。T2 处理生长前期 SOD 活性较低，后期与其他处理差异逐渐缩小。

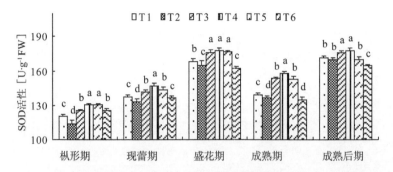

图6-3　不同旧膜再利用方式下胡麻叶片超氧化物歧化酶（SOD）活性的变化

注：不同小写字母表示处理间在 0.05 水平上差异显著，下同。

Fig. 6-3　SOD activity in oil flax leaves under different reuse ways of used plastic film in the field

Note：Different small letters indicate significant difference among treatments at 0.05 level, The same as below.

6.4　旱地一膜两年用胡麻全生育期可溶性蛋白含量变化

图 6-4 显示，胡麻枞形期 T4、T5 处理叶片可溶性蛋白含量分别达到 395.51 μg · g^{-1}、392.66 μg · g^{-1}，显著高于其他处理；T3、T6 处理次之；再次为 T1 处理；T2 处理最低。现蕾期 T3、T4、T5 处理叶片可溶性蛋白含量趋于一致，分别达到 329.60 μg · g^{-1}、341.85 μg · g^{-1}、332.76 μg · g^{-1}，3 处理间未表现出显著差异，均显著高于其他处理；T1、T2、T6 处理可溶性蛋白含量趋于一致，3 处理间亦无显著差异，均显著低于 T3、T4、T5 处理。盛花期各处理叶片蛋白质含量均有增加，各处理间仍保持现蕾期的差异。成熟期 T4、T5 处理叶片可溶性蛋白含量分别达到 392.43 μg · g^{-1}、381.49 μg · g^{-1}，显著高于其他处理；T1、T3、T6 处理次之，3 处理间无显著差异；T2 处理最低。成熟后期 T3、T4 处理叶片可溶性蛋白含量分别达到

$252.05~\mu g \cdot g^{-1}$、$257.03~\mu g \cdot g^{-1}$，显著高于其他处理；其他处理叶片可溶性蛋白含量趋于一致。成熟后期 T6 处理叶片可溶性蛋白含量较高，可能与其他处理苗期生长相对过旺、后期早衰有关。

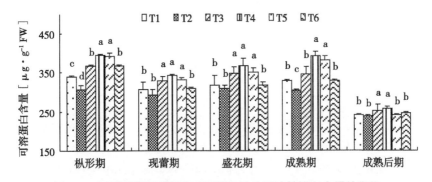

图 6-4　不同旧膜再利用方式下胡麻叶片可溶性蛋白含量的变化

Fig. 6-4　Soluble protein content in oil flax leaves under different reuse ways of used plastic film in the field

6.5　旱地一膜两年用胡麻全生育期脯氨酸含量变化

图 6-5 显示，胡麻枞形期 T3、T4、T5 处理叶片脯氨酸（Pro）含量趋于一致，分别为 157.28 mg · g^{-1}、160.51 mg · g^{-1}、160.69 mg · g^{-1}，显著高于其他处理；T2 处理次之；再次为 T1 处理；T6 处理最低。现蕾期 T2 处理叶片脯氨酸含量达到 85.07 mg · g^{-1}，显著高于其他处理；T1、T3 处理次之；T4、T5、T6 处理叶片脯氨酸含量趋于一致，处理间无显著差异，且均显著低于 T2、T3 处理。盛花期 T2 处理叶片脯氨酸含量达到 222.67 mg · g^{-1}，仍显著高于其他处理；T2 处理次之；再次为 T1 处理；T4、T5、T6 处理叶片脯氨酸含量仍趋于一致，处理间也无显著差异，且均显著低于其他处理。成熟期 T2 处理叶片脯氨酸含量达到200.81 mg · g^{-1}，仍显著高于其他处理；T3、T4、T5、T6 处理叶片脯氨酸含量趋于一致，处理间无显著差异；T1 处理最低，但

仅与 T1、T2 处理表现出显著差异。成熟后期 T1 处理叶片脯氨酸含量为 169.52 mg·g⁻¹，显著低于其他处理；其他处理叶片脯氨酸含量基本一致，各处理间无显著差异。

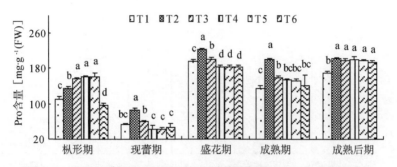

图 6-5 不同旧膜再利用方式下胡麻叶片脯氨酸（Pro）含量的变化

Fig. 6-5 Proline content in oil flax leaves under different reuse ways of used plastic film in the field

6.6 小结

6.6.1 不同旧膜利用方式对旱地胡麻叶片膜脂过氧化程度及 SOD 活性的影响

当年作物收获后旧膜继续留在田间，仍具有一定的地膜覆盖效果，有利于胡麻叶片 SOD 活性的增加。但 T2 处理在旧膜上覆土会对胡麻生长前期叶片 SOD 活性产生负效应，这是由于覆土将旧膜压于土壤内，影响胡麻根系前期浅层生长所致。翌年春天播前收除旧膜，并再次覆盖新膜（T4）对提高胡麻叶片 SOD 活性作用最大，且当年覆膜优于上年覆膜。不同旧膜再利用方式处理叶片 MDA 含量与叶片 SOD 活性变化趋势基本一致，二者间呈正相关态势。在胡麻成熟后期，随着各处理间叶片 SOD 活性差异的缩小，播前收除旧膜、再覆新膜（T5）处理叶片 MDA 含量与其他旧膜再利用方式处理差异明显加大，可能与地膜覆盖加快胡麻衰老进程有关。

6.6.2 不同旧膜利用方式对旱地胡麻叶片可溶性蛋白及渗透调节物质（Pro）的影响

当年作物收获后旧膜继续留在田间，翌年春天播前收除旧膜再覆新膜（T4）处理的胡麻叶片可溶性蛋白含量始终保持着较大的优势，说明该旧膜再利用方式显著提高了胡麻对土壤养分、水分的利用效率，有利于增强叶片的光合能力和干物质积累。而当年作物收获后在旧膜上覆盖作物秸秆、翌年除去秸秆播种（T3）以及作物收获后当即收除旧膜并覆盖新膜、翌年春天播种（T5）的处理也具有一定的土壤养分、水分利用优势。在旧膜上覆土播种（T2）使胡麻苗期叶片可溶性蛋白含量最低，现蕾期后与其他处理差异逐步减小，这是由于胡麻根系逐渐下扎、减小了残膜混入土壤浅层影响根系生长的结果。枞形期当年作物收获后旧膜继续留在田间、翌年春天播前收除旧膜、播前再覆新膜（T4）和作物收获后在旧膜上覆盖作物秸秆、翌年除去秸秆播种（T3）及作物收获后当即收除旧膜覆盖新膜、翌年春天播种（T5）3 种处理脯氨酸含量较高。而后除旧膜覆土（T2）处理外，其他处理各生长时期脯氨酸含量均趋于一致。

7 旱地地膜覆盖胡麻灌浆特性的研究

有限水分资源的高效合理利用一直是旱作农业区产业发展的主要途径之一,地膜覆盖栽培技术自问世以来,其显著的保水控温等特性为旱区作物增产提供了重要保证。作物产量及品质的最终形成,与作物灌浆过程的顺利高效密不可分,同时,作物籽粒灌浆特性又因品种、环境条件、栽培措施(播期、密度、施肥量、施肥期)等不同而有所差异。种植密度是调控作物群体特征的重要途径,通过调控种植密度,改善作物对水资源的利用效率与"库—源"的平衡过程是有效提高作物产量的途径之一,诸多研究表明,建造良好的群体结构有利于作物群体对光能的利用和群体内的气体交换,提高籽粒产量,而合理密植是提高作物产量的重要措施。施肥种类和方式亦能在一定程度依据作物生育时期需肥规律特点保证其营养支持,促进灌浆进程的营养积累。胡麻籽粒灌浆过程是决定籽粒质量和产量的重要阶段,因此,探索不同种植密度、地膜类型及施氮量下胡麻灌浆速率的差异及其与胡麻生长特性和经济产量之间的关系,不仅有利于阐明灌浆期胡麻种子"源库流"的运动情况和灌浆特性,亦对胡麻栽培生产中最佳种植密度的选择具有重要的指导意义。

7.1　种植密度及地膜类型对旱地胡麻农艺性状的影响

7.1.1　密度对一膜两年用胡麻农艺性状的影响

从图 7-1A 可以看出，胡麻分茎数随种植密度增加呈下降态势。密度最小的 D1 分茎数为 3，而最大密度 D7 处理为 1，D1 显著高于其他处理（$p<0.05$，下同），D2、D3 间差异不显著，但都显著高于 D7，其余处理间分茎数无显著差异。从图 7-1B 中可知，随着种植密度的增大，株高呈波动性变化，D1 最高为 83.1cm，D7 最低为 68.5cm，但各处理间无显著差异。图 7-1C、图 7-1D 明显地反映出了种植密度与分枝数、蒴果数之间的关系，随着种植密度的增大，其分枝数与蒴果数减小。蒴果数从密度最小 D1 处理的 39 个蒴果降到密度最大 D7 处理的 13 个蒴果，不同密度间相差较大，D1 显著高于其他处理，D2、D3、D4 间差异不显著，但均显著高于 D6、D7，其余处理间无显著差异。不同密度处理胡麻分枝数分别为 51、35、31、30、23、19、18 个分枝，其中，D1 显著高于其余 6 个处理，D2、D3、D4 间差异不显著，但均显著高于 D5、D6、D7，D5、D6、D7 间无显著差异。总之，胡麻具有较强的自身调节能力，种植密度在一定的范围内，个体竞争随着群体的增加而增加；但一旦超过适宜范围，个体特性展示反而受阻，有关产量因素的分枝数、蒴果数都有递减趋势。这主要是由于光、热、水、肥等资源的影响。

7.1.2　覆膜及施氮对胡麻农艺性状的影响

由表 7-1 可知，覆膜与否及覆膜材料、氮肥的用量和品种影响胡

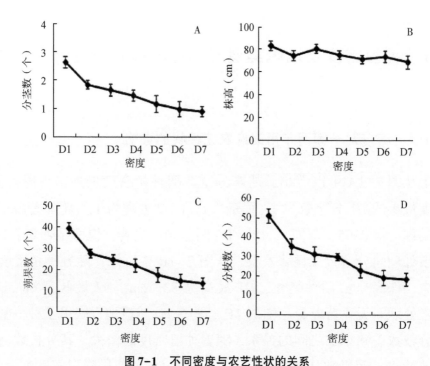

图7-1　不同密度与农艺性状的关系

Fig. 7-1　Relationships between planting density and agronomic traits

麻茎秆的伸长生长。覆膜和施氮肥可以增加株高，F_4N_2处理能更好地促进茎秆的伸长生长。

播前定位试验的水肥热基础及播后覆膜的效果不足以影响出苗期的植株高度，覆膜对茎秆伸长生长的影响主要体现在开花前后的 2 个阶段。分茎期到开花期，覆膜处理（F_1、F_2、F_3、F_4）的株高均显著高于未覆膜的 F_0 处理，F_1、F_2、F_3、F_4 处理下的株高较 F_0 分别高 9.83～11.21 cm、5.56～6.87 cm、6.04～7.09 cm 和 9.26～10.87 cm，而覆膜材料之间差异不显著；开花之后，茎秆的伸长生长趋于平缓，青果期株高达到生育期内最高值，且 3 种生物降膜之间差异显著，覆膜处理下的总体趋势是 $F_1>F_4>F_3>F_2>F_0$。这表明覆膜主要因改善了前期的水肥热条件而促进了胡麻茎秆的伸长生长。

施氮量及氮肥种类配比影响出苗之后和成熟之前的茎秆高度。在分茎期，施肥处理（N_1、N_2）高于未施氮肥 N_0 处理 2.38 cm、4.25 cm；现蕾期至开花期茎秆的伸长生长速度明显加快，其中以 N_2 处理增速最快，显著高于单施无机氮肥处理（N_1）和未施氮肥处理（N_0）。而开花之后胡麻主要进行生殖生长，养分元素向蒴果积累，故茎秆的伸长生长不明显。单施无机肥的促进效果主要体现在生育前期的营养生长阶段，而有机无机配施的促进效果主要体现在生殖生长阶段。

表 7-1　地膜及氮肥种类对胡麻株高的影响　　　　　　　（cm）

Table 7-1　Effect of mulching and nitrogen fertilizer types on plant height of flax（cm）

处理 Treatment		出苗期 Seedling	分茎期 Branching	现蕾期 Budding	开花期 Anthesis	青果期 Kernel	成熟期 Maturity
F×N							
F_0	N_0	3.10a	15.47g	51.23e	57.93f	62.50g	64.97fgh
	N_1	3.10a	16.43g	52.93cd	59.50ef	64.40ef	66.47def
	N_2	3.20a	15.93g	52.23de	58.10f	65.63de	65.40efgh
F_1	N_0	3.30a	24.33b	60.33ab	66.20abc	68.33abc	67.20bcdef
	N_1	3.60a	27.20a	63.57ab	67.53ab	69.57a	69.43ab
	N_2	3.57a	24.77b	63.67a	69.17a	69.87a	68.83abcd
F_2	N_0	3.27a	19.97f	53.47cd	63.20cde	63.60fg	63.80h
	N_1	3.17a	21.8de	61.67ab	67.67ab	70.03a	67.73abcde
	N_2	3.53a	22.27cd	58.97abc	65.60abc	68.10abc	69.20abc
F_3	N_0	3.27a	20.17ef	58.13abcd	63.57bcd	67.23cd	64.17gh
	N_1	3.23a	21.33def	59.63ab	67.17abc	69.37ab	68.80abcd
	N_2	3.50a	20.43ef	58.60abc	66.57abc	69.23ab	69.33a
F_4	N_0	3.60a	22.53cd	57.40bcd	61.40def	65.70de	66.40defg
	N_1	3.50a	25.00b	59.87ab	66.57abc	66.00de	66.93cdef
	N_2	3.13a	23.87bc	58.6abc	64.77bc	67.53bcd	67.90abcd
F		NS	*	*	NS	*	*
N		NS	*	*	*	*	NS
F×N		NS	NS	NS	NS	*	NS

胡麻的茎粗受施氮肥与覆膜的影响较为显著，施肥有利于形成粗

壮的茎秆。由表 7-2 可知，出苗期和分茎期，施用氮肥的 N_1、N_2 较 N_0 分别显著增加 13.04%~18.22%、15.00%~21.35%，两个施氮水平之间无明显差异，但呈现 N_2 的生长速度较快的趋势。现蕾期至开花期，有机无机肥配施处理下胡麻茎秆的增粗速度高于单施有机肥，说明配施能促进胡麻茎秆的横向生长。成熟期施肥处理间无显著差异。

表 7-2　地膜及氮肥种类对胡麻茎粗的影响　　　　　(cm)

Table 7-2　Effect of film mulching and nitrogen fertilizer on stem diameter of flax (cm)

处理 Treatment		出苗期 Seedling	分茎期 Branching	现蕾期 Budding	开花期 Anthesis	青果期 Kernel	成熟期 Maturity
F×N							
F_0	N_0	0.63ab	1.47f	1.97bc	2.64b	2.33c	2.64c
	N_1	0.55b	1.50f	1.95bc	3.21ab	2.73bc	2.82bc
	N_2	0.55b	1.52ef	1.98bc	2.99ab	2.84bc	2.67c
F_1	N_0	0.61ab	1.71cdef	2.01abc	3.11ab	2.46bc	2.62c
	N_1	0.59ab	2.00abc	2.31ab	3.34a	2.74bc	3.12ab
	N_2	0.62ab	2.08ab	2.39a	3.27a	2.70bc	2.78bc
F_2	N_0	0.64a	1.53ef	2.06abc	2.85ab	2.49bc	2.74bc
	N_1	0.58ab	1.84bcde	1.90c	3.05ab	2.62bc	2.76bc
	N_2	0.63ab	2.26a	2.08abc	3.03ab	2.70bc	2.92bc
F_3	N_0	0.64a	1.70cdef	1.83c	3.22ab	2.48bc	3.07ab
	N_1	0.54b	1.92bcd	1.99bc	3.42a	2.51bc	2.82bc
	N_2	0.63ab	1.88bcd	2.13abc	3.06ab	3.00ab	2.74bc
F_4	N_0	0.64a	1.61def	2.18abc	2.90ab	2.76bc	2.83bc
	N_1	0.62ab	1.69cdef	2.21abc	3.17ab	3.46a	3.11ab
	N_2	0.62ab	1.94bcd	2.07abc	3.07ab	2.74bc	3.29a
F		NS	*	*	NS	NS	NS
N		*	*	*	*	*	NS
F×N		NS	NS	*	NS	NS	NS

覆膜与否影响茎秆的横向生长。分茎期，覆膜处理（F_1、F_2、F_3、F_4）的茎粗较未覆膜（F_0）处理显著增加 16.55%、13.65%、

12. 00% 和 15. 06%（$p<0.05$），但各覆膜处理间无显著差异。现蕾期，施氮肥和覆膜对胡麻茎粗的影响显著，F_1N_2 的茎粗达到最大值 2. 39 cm。开花期至青果期，各覆膜方式均表现为：$F_1>F_4>F_2>F_3>F_0$。而到成熟期，茎秆由于失水，茎粗明显缩小。说明覆膜和氮肥利于形成粗壮的茎秆，使植株保持较强的抗倒伏能力。

7.2　胡麻灌浆期籽粒干物质累积和灌浆速率变化特征

7. 2. 1　不同种植密度下灌浆期胡麻籽粒干质量变化

密度处理对籽粒生长进程没有明显影响，不同密度处理间现蕾期、开花期基本一致，花后 38 d 各处理基本达到籽粒干硬的完熟状态。

各密度处理籽粒形成后，从开花后第 3 天开始籽粒质量明显增加。籽粒干质量的增长过程呈 "S" 形变化的趋势，故可用可 Logistic 方程描述，由 Logistic 方程 $y=K/(1+ae^{-bt})$ 可以看出：当 $t\to\infty$ 时，$y=K$，可见 $y=K$ 是曲线的渐近线，是在该密度下的理论质量，及质量的潜力值，而这个潜力值总比实际值大，往往是达不到的，但通过合理的耕作措施和有利的气候因素，有助于最大限度地接近这个最大潜力值。从图 7-2 可看出籽粒干质量积累过程可大致划分为 3 个阶段：渐增期、快增期、缓增期。渐增期为花后 3~6 d，快增期为花后 6~28 d 或 6~31 d，缓增期为花后 28~38 d 或 31~38 d。3 个时期籽粒干质量积累分别可达到 7. 89%~15. 79%、57. 89%~65. 79%、18. 42%~26. 32%。可见花后 6~31 d 对籽粒质量增加贡献最大。

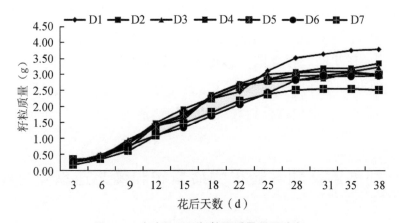

图 7-2　密度处理下籽粒干质量积累动态

Fig. 7-2　Accumulation dynamics of grain dry matter
weight under different planting density

7.2.2　旱地一膜两年用胡麻灌浆速率对密度的响应

以间隔时间 3 d 计算灌浆速率，从表 7-3 可见各处理灌浆速率变化曲线呈多齿状，这种前高后低的变化可能与气候变化有关。根据当地气候资料，试点灌浆期间曾出现 3 次长短不一的阴雨天气，明显影响了光合作用和光合净积累，也在一定程度上影响光合产物向籽粒的运输和分配。这种较短时段灌浆速率的明显波动，更加客观地反映了环境因素对籽粒灌浆的影响。

表 7-3 为测定时间间隔 3 d 计算灌浆速率，不同密度处理平均灌浆速率有显著差异，处理间变幅为 0.0812~0.1460 g·d⁻¹，以中等密度 D3 的平均灌浆速率最高，D6 最低。各处理按照 3 d 间隔测得的最大灌浆速率出现在 12 ~ 28 d，最大灌浆速率的变化在 0.1350 ~ 0.2544 g·d⁻¹，以 D3 最高，D6 最小。从各次测定的灌浆速率平均值来看，中期约高出前期和后期 60% 至 6 倍。灌浆中期（9~28 d）灌浆速率一般可维持在 0.1074~0.1881 g·d⁻¹，而前期（3~6 d）可维持在 0.0513~0.1317 g·d⁻¹、后期（31~38 d）为 0.0180~0.0354 g·d⁻¹。

表7-3 不同密度处理灌浆速率

Table 7-3 Filling rate variation under different plant density

花后天数 (d)	灌浆速率（g·d^{-1}）							均值	极差	变异系数 (%)
	D1	D2	D3	D4	D5	D6	D7			
6	0.0744	0.0733	0.0411	0.0667	0.0117	0.0283	0.0633	0.0513	0.0461	47.79%
9	0.1322	0.1322	0.2144	0.0783	0.1500	0.1300	0.0850	0.1317	0.1361	34.25%
12	0.2056	0.2067	0.2411	0.2383	0.1733	0.1117	0.1600	0.1881	0.1266	24.29%
15	0.1800	0.1478	0.1978	0.1867	0.1433	0.0783	0.0726	0.1258	0.1711	48.60%
18	0.1722	0.1156	0.2544	0.2300	0.1989	0.1222	0.1167	0.1729	0.1388	33.06%
22	0.1542	0.0917	0.1925	0.1238	0.0608	0.0908	0.1383	0.1074	0.1383	44.94%
25	0.1194	0.1711	0.1400	0.1294	0.0700	0.1200	0.0722	0.1317	0.1494	40.17%
28	0.1361	0.0789	0.1967	0.1156	0.0433	0.1350	0.1667	0.1246	0.1534	41.43%
31	0.0411	0.0400	0.0817	0.0189	0.0083	0.0128	0.0450	0.0354	0.0734	71.16%
35	0.0300	0.0205	0.0205	0.0392	0.0237	0.0208	0.0705	0.0180	0.0367	79.24%
38	0.0100	0.0483	0.0433	0.0128	0.0233	0.0067	0.0117	0.0223	0.0416	75.82%
R(g·d^{-1})	0.1050^{ab}	0.1007^{ab}	0.1460^{a}	0.1127^{ab}	0.0824^{ab}	0.0779^{b}	0.0812^{ab}			
$Rmax$ (g·d^{-1})	0.2056	0.2067	0.2544	0.2383	0.1989	0.1350	0.1667			
$TmaxR$(d)	12	12	18	12	18	28	28			

注：R—平均灌浆速率；Rmax—最大灌浆速率；TmaxR—达到最大灌浆速率的时间。

7.2.3 覆膜及施氮对胡麻灌浆速率的影响

由表7-4可知，不同施肥水平下胡麻籽粒干重的增加速度均呈现先增加后减少的趋势。粒重的增速灌浆初期较为缓慢，中期显著上升，后期又趋于下降，直至成熟。N_1、N_2在整个时期的灌浆速率比对照N_0平均分别增加了6.37%、8.36%，2个施肥水平之间无显著差异。开花后灌浆速率上升，到花后28d左右达到峰值，之后下降。不同施氮肥处理籽粒灌浆速率达到最大的时间基本一致，且平均灌浆速率N_1、N_2条件下较N_0分别增加了6.55%、10.23%。

表 7-4 地膜覆盖与氮肥施用对胡麻灌浆速率影响

Table 7-4 Effect of film mulching and nitrogen application on filling rate of flax

$(g \cdot d^{-1} \cdot 10grain^{-1})$

处理 Treatment		花后 7 d 7 d after flowering	花后 14 d 14 d after flowering	花后 21 d 21 d after flowering	花后 28 d 28 d after flowering	花后 35 d 35 d after flowering	花后 42 d 42 d after flowering
F×N							
F_0	N_0	0.259abc	0.988c	1.252cd	1.379a	1.121b	0.883a
	N_1	0.204c	0.622d	1.221cd	1.297a	1.267abc	0.979a
	N_2	0.269abc	1.107abc	1.285bcd	1.367a	1.334ab	1.143a
F_1	N_0	0.280abc	1.173abc	1.252cd	1.251a	1.231abc	1.003a
	N_1	0.257abc	1.213abc	1.466a	1.334a	1.206bc	0.925a
	N_2	0.335a	1.260ab	1.285bcd	1.347a	1.317ab	0.853a
F_2	N_0	0.291ab	1.093abc	1.192d	1.383a	1.180bc	0.874a
	N_1	0.253bc	1.242abc	1.256cd	1.365a	1.183bc	1.114a
	N_2	0.267abc	1.233abc	1.302bcd	1.341a	1.241abc	0.956a
F_3	N_0	0.243bc	1.073abc	1.241cd	1.260a	1.221abc	0.809a
	N_1	0.285ab	1.101abc	1.258cd	1.379a	1.239abc	1.011a
	N_2	0.279abc	1.005bc	1.317bcd	1.311a	1.403a	1.153a
F_4	N_0	0.292ab	1.113abc	1.201d	1.294a	1.197bc	0.933a
	N_1	0.260abc	1.158abc	1.421ab	1.352a	1.265abc	0.971a
	N_2	0.271abc	1.311a	1.358abc	1.359a	1.185bc	0.903a
F		NS	*	NS	NS	NS	NS
N		NS	NS	*	NS	*	NS
F×N		NS	NS	NS	NS	NS	NS

覆膜与否及地膜种类影响籽粒的灌浆速率。灌浆速率，花后 14 d，覆膜 F_1 比 F_0 显著提高 25.71%；花后 21 d，F_1 比 F_2 显著高出 11.82%；而花后 28 d，各覆膜处理间无显著差异，但各处理均呈现花后 28 d 时灌浆速率达到灌浆期最大值的趋势。花后 35 d，普通地膜或 0.010 mm 的可降解地膜覆盖下有机无机氮肥配施的灌浆速率最高。

花后 42 d, 各覆膜处理间无显著差异。

地膜覆盖下施用氮肥的处理, 不仅在灌浆中期能保持较高的灌浆速率外, 灌浆后期的灌浆速率也显著高于不覆膜和无氮肥的处理。覆膜条件下氮肥的施用, 不仅减缓了覆膜导致的脱肥早衰现象, 而且有利于促进干物质向籽粒的转移, 对增产具有十分重要的意义。

7.3 胡麻籽粒灌浆进程拟合对不同密度的响应

胡麻不同密度处理灌浆拟合方程的差异见表 7-5, 其相关系数在 0.99 以上, 相关性较好。F 检验均达到显著水平。可以用 Logistic 方程对未来的值进行预测。

表 7-5 灌浆过程的拟合方程

Table 7-5 The fitting equation in grouting process

处理	干物质积累模拟方程	R	F	灌浆速率方程
D1	$Y = 4.0415/(1 + EXP(2.7777 - 0.200345t))$	0.9936	701.7371**	$V=((-(\exp(2.7777-0.200345\times t)\times(-0.200345)\times4.0415)))/(1+\exp(2.7777-0.200345\times t))^2$
D2	$Y = 3.3188/(1 + EXP(2.8082 - 0.210567t))$	0.9957	1048.9662**	$V=((-(\exp(2.8082-0.210567\times t)\times(-0.210567)\times3.3188)))/(1+\exp(2.8082-0.210567\times t))^2$
D3	$Y = 3.2617/(1 + EXP(3.0297 - 0.257218t))$	0.9922	924.0043**	$V=((-(\exp(3.0297-0.257218\times t)\times(-0.257218)\times3.2617)))/(1+\exp(3.0297-0.257218\times t))^2$
D4	$Y = 3.0224/(1 + EXP(3.1881 - 0.228120t))$	0.9938	715.9338**	$V=((-(\exp(3.1881-0.228120\times t)\times(-0.22812)\times3.0224)))/(1+\exp(3.1881-0.228120\times t))^2$
D5	$Y = 3.0850/(1 + EXP(3.0732 - 0.200449t))$	0.9973	1635.7766**	$V=((-(\exp(3.0732-0.200449\times t)\times(-0.200449)\times3.0850)))/(1+\exp(3.0732-0.200449\times t))^2$
D6	$Y = 3.2204/(1 + EXP(2.7166 - 0.290301t))$	0.9940	739.4680**	$V=((-(\exp(2.7166-0.290301\times t)\times(-0.290301)\times3.2204)))/(1+\exp(2.7166-0.290301\times t))^2$

（续表）

处理	干物质积累模拟方程	R	F	灌浆速率方程
D7	$Y = 2.5773/(1 + \text{EXP}(2.8893 - 0.222143t))$	0.9952	569.5906**	$V = ((-(\exp(2.8893 - 0.222143 \times t) \times (-0.222143) \times 2.5773)))/(1 + \exp(2.8893 - 0.222143 \times t))^2$

注：R—胡麻籽粒干物质一元非线性回归方程的相关系数；Y—籽粒干质量；V—灌浆速率；t—花后天数。

表 7-6 是根据拟合方程即 Logistic 方程进行理论分析与计算所得，从表 7-6 看出，不同密度处理灌浆高峰起始时间不同，D6、D3 较其他提前。不同密度处理影响灌浆持续天数（从开花至达到最大粒重的日数），不同密度处理理论持续灌浆天数分别为 36.8 d、35.16 d、29.64 d、34.12 d、38.26 d、28.09 d 和 33.69 d，与实际灌浆持续天数有差异。

表 7-6 不同密度对籽粒灌浆特征参数的影响

Table 7-6 Effects on grain filling characteristic parameters under different planting density

处理	t1 (d)	t2 (d)	t3 (d)	T (d)
D1	7.29	20.44	36.80	36.80
D2	7.08	19.59	35.16	35.16
D3	6.66	16.90	29.64	29.64
D4	8.20	19.75	34.12	34.12
D5	8.76	21.90	38.26	38.26
D6	5.38	15.50	28.09	28.09
D7	7.08	18.93	33.69	33.69

注：t1—灌浆高峰起始时间；t2—结束时间；t3—灌浆终期；T—灌浆持续天数。

7.4　小结

7.4.1　种植密度与一膜两年用胡麻灌浆期农艺性状的关系

一膜两年用生产条件下，灌浆期种植密度与产量性状的分茎数、分枝数、蒴果数呈负相关，与株高无明显相关关系，株高各处理间差异不显著。分茎数、分枝数、蒴果数均随种植密度增加而呈下降趋势，且均以300万粒·hm^{-2}最优，变幅较大，分别为2个、33个和26个，在适度的密度范围内，个体竞争随群体数量增加而升高。

7.4.2　种植密度对旱地一膜两年用胡麻灌浆特性的调控

胡麻籽粒干物质积累进程符合"慢—快—慢"的"S"形生长曲线，可以用Logistic方程很好地进行描述，其相关系数均在0.99以上。籽粒干质量积累过程可大致划分为3个阶段：渐增期、快增期、缓增期,分别为花后3~6 d、6~28 d或6~31 d、28~38 d或31~38 d。3个时期籽粒干质量积累分别可达到7.89%~15.79%、57.89%~65.79%、18.42%~26.32%。花后6~31 d对籽粒质量增加贡献最大。低密度条件下处理间达到最大灌浆速率的时间相差不大；密度增加到一定程度后，因单位面积上个体数量增加，群体中个体间竞争增强，随密度增加各处理达到最大灌浆速率的时间明显增长，且各处理随密度增加，最大灌浆速率减小，百粒重降低。

7.4.3　覆膜与施氮对旱地胡麻灌浆特性的调控

不同地膜类型及施氮处理均能显著促进胡麻生育前中期同化物积

累。常规地膜及降解膜覆盖后，F_1、F_2、F_3、F_4较F_0干物质分别提高了 21.54% ~ 28.21%、16.02% ~ 19.45%、15.28% ~ 18.51% 和 19.54% ~ 26.37%。氮肥施用显著促进了营养生长期和生殖生长前中期的干物质积累，营养生长阶段的促生作用 $N_1 > N_2$，而生殖生长阶段（花期）则呈现相反趋势，平均灌浆速率 N_1、N_2较 N_0分别增加了 6.55%、10.23%。地膜覆盖下施用氮肥的处理，不仅在灌浆中期能保持较高的灌浆速率外，灌浆后期的灌浆速率也显著高于不覆膜和无氮肥的处理。覆膜条件下氮肥的施用，不仅减缓了覆膜导致的脱肥早衰现象，而且有利于促进干物质向籽粒的转移，对增产具有重要意义。

8 旱地地膜覆盖胡麻产量效益及水分利用效率研究

8.1 一膜两年用胡麻产量构成因子变化特征

8.1.1 旧膜利用方式及种植密度对产量构成因子的调控效应

8.1.1.1 旧膜利用方式对旱地胡麻产量构成因子的调控效应

将室内考种结果及依据小区实际产量计算而得的单位面积实际产量结果列于表8-1。由表8-1可见，不同旧膜处理方式引起胡麻单株有效分枝数、千粒重及籽粒产量发生较大变化。各处理有效分枝数依次为：T4>T5>T2>T1>T3>T6，其中，T4有效分枝数达到了16.66个，与T5、T2、T1、T3无显著差异（$p<0.05$），但都显著大于对照T6处理。单株蒴果数与每果籽粒数各处理与对照间差异不显著，未因农田残膜处理方式不同而出现差异。千粒重各处理与对照间差异显著，T4处理最高，为7.60 g，显著高于其他处理，对照T6最低，仅为6.70 g，显著低于其他处理，T5显著高于T1、T2（二者差异不显著），T3与T5、T1、T2无显著差异。各处理籽粒产量由高到低依次为：T4>T5>T1>T2>T3>T6，其中，T4、T5显著高于对照T6，比T6分别高出143.26%、120.90%，最高产量处理T4比T1、T2、T3分别高出28.81%、30.30%和49.25%。

表 8-1　不同旧膜利用方式下胡麻产量构成因素及产量变化表

Table 8-1　Effect in oil flax yield and yield component under processing

patterns of residual plastic film

处理	有效分枝数	蒴果数	蒴果粒数	千粒重 （g）	籽粒产量 （kg·hm^{-2}）
T1	16.06±3.40a	12.93±3.28a	8.10±0.51a	7.03±0.07c	1 171.84ab
T2	16.26±3.94a	13.40±3.51a	8.20±0.45a	6.92±0.08c	1 158.47ab
T3	14.73±0.75a	11.93±1.62a	8.26±0.58a	7.07±0.07bc	1 011.36b
T4	16.66±0.30a	13.60±0.20a	8.70±0.10a	7.60±0.05a	1 509.52a
T5	16.46±0.30a	13.80±0.52a	8.36±0.32a	7.25±0.22b	1 370.77ab
T6（CK）	12.73±2.24b	10.26±2.38a	8.50±0.51a	6.70±0.05d	620.52c

注：表中小写字母 a、b 代表同一列不同旧膜利用方式间项目的差异（$P<0.05$）。

8.1.1.2　种植密度对旱地一膜两年用胡麻产量构成因子的调控效应

由产量构成因子（表 8-2）亦可以看出，不同种植密度下，随密度上升胡麻考种得有效分茎数、主茎有效分枝数基本呈降低趋势，其中最高 D1 处理有效分茎数、主茎有效分枝数达到了 1.56 个和 5.76 个，比最低 D7 处理分别增加了 262.79% 和 101.39%。蒴果大小、每果着粒及千粒重各处理尽管也有所差异，但无明显规律。可见，低密度下胡麻较高有效分茎数、主茎有效分枝数是其籽粒高产的重要构成。

表 8-2　种植密度对胡麻产量构成因子的影响

Table 8-2　Effects of different planting density on oil flax yield component factors

处理	有效分茎数 （个）	主茎有效分枝数 （个）	蒴果大小 （mm）	每果着粒 （个）	千粒重 （g）
D1	1.56a	5.76a	6.99ab	7.36a	7.32ab
D2	1.06b	5.23a	7.18a	7.40a	7.37a
D3	0.86b	3.93b	6.63b	6.13c	7.08ab
D4	0.51c	3.29cd	6.89ab	6.06c	7.03b
D5	0.43c	3.9b	6.87ab	6.86ab	7.32ab
D6	0.46c	3.66bc	7.03ab	7.30a	7.16ab
D7	0.43c	2.86d	6.81ab	6.36bc	7.05ab

注：表中小写字母 a、b 代表同一列不同旧膜利用方式间项目的差异（$P<0.05$）。

8.1.2　旱地一膜两年用胡麻农艺性状与籽粒产量的相关性分析

通过 2011—2012 年 2 年间考种所得株高、分茎数、分枝数、蒴果数、每果粒数、千粒重等产量构成因子和产量的相关性分析（表8-3）可知，旱地一膜两年生产条件下，胡麻产量与株高、分茎数、蒴果数、每果粒数及千粒重分别达到了极显著或显著正相关水平，产量与分枝数未达相关水平（$R=0.094$）。可见旱作少雨条件下，最终产量主要由株高、分茎数、蒴果数、每果粒数及千粒重等因子来表现，其中株高所表现出的贡献为生育进程中茎、枝、叶的开散和更多光能利用提供空间支持。产量构成因子中，除株高与分枝数间（$R=0.019$）、每果粒数与分茎数（$R=-0.271$）和蒴果数（$R=-0.003$）间、千粒重与每果粒数间（$R=0.064$）未达相关水平外，其余两两间均呈现极显著或显著相关水平。可见，一膜两年用胡麻高产的获得可由合理的农业栽培措施通过对株高、分茎数、蒴果数及每果粒数等因子的调控来保证。

表 8-3　农艺性状与产量的相关性

Table 8-3　Relationship among the agronomic traits and yield under conditions of one film used two years

	株高	分茎数	分枝数	蒴果数	每果粒数	千粒重	产量
株高	1	0.815**	0.019	0.698**	−0.436**	0.482**	0.716**
分茎数		1	0.377*	0.863**	−0.271	0.511**	0.693**
分枝数			1	0.583**	0.577**	0.415**	0.094
蒴果数				1	−0.003	0.443**	0.573**
每果粒数					1	0.064	0.372*
千粒重						1	0.337*
产量							1

注：** 代表项目间相关性达到极显著水平；* 代表项目间相关性达到显著水平。

8.2 旱地一膜两年用胡麻籽粒产量及水分利用效率的变化特征

8.2.1 不同旧膜利用方式对旱地胡麻籽粒产量及水分利用效率的影响

表8-4表明，不同旧膜利用方式胡麻播种前、收获后土壤贮水量不同，播种前由于秸秆及旧膜双重覆盖，T3贮水量显著高于T6，其余处理间差异不显著，但都显著高于T6；收获后贮水量从高到低依次为：T4>T5>T1>T3>T2>T6，表明不同旧膜再利用后仍能维持较高的水分含量，减少土壤水分蒸发，具有保墒作用，其中T4、T5、T1显著高于其他处理。单位面积籽粒产量表现为T4、T5、T1、T2、T3均显著高于对照T6，分别比对照上升143.26%、120.91%、88.84%、86.69%和62.98%；水分利用效率与产量变化趋势基本一致，分别是对照的2.53、2.29、1.97、1.85和1.64倍。

表8-4 旧膜利用方式对籽粒产量和水分利用率的影响

Table 8-4 Effects of different reuse patterns of used plastic film on oil flax yield and water use efficiency

处理	土壤贮水量（mm）		农田耗水量（mm）	籽粒产量（kg·hm^{-2}）	水分利用效率（kg·hm^{-2}·mm^{-1}）
	播种前	收获后			
T1	30.06b	20.71a	148.54	1 171.84ab	7.88
T2	30.53b	13.30c	156.42	1 158.47ab	7.41
T3	34.94a	19.89b	154.24	1 011.36b	6.56
T4	32.27ab	22.30a	149.17	1 509.52a	10.12
T5	31.92ab	21.77a	149.35	1 370.77ab	9.17
T6	26.08c	10.04d	155.23	620.52c	3.99

8.2.2 种植密度对旱地一膜两年用胡麻产量及水分利用效率的调控效应

表 8-5 表明，不同种植密度处理下胡麻播种前、收获后土壤贮水量有所不同，可能由于播前降水的影响，以及不同处理地块的微差异，播前胡麻贮水量从高到低依次为：D7>D4>D3>D1>D6>D5>D2，D7、D4、D3 之间差异不显著，均显著高于 D2，D1、D6、D5 与前四者间差异不显著；收获后各处理间贮水量无显著差异。单位面积籽粒产量表现为：D1 > D3 > D2 > D6 > D4 > D5 > D7，D1 产量最高，为 1 837.95 kg·hm^{-2}，显著高于最低产量 D7，其余处理与二者间差异不显著，D1 比 D3、D2、D6、D4、D5、D7 分别高出 13.64%、14.98%、19.86%、22.41%、22.93%和 27.47%。水分利用效率从高到底表现为：D1>D2>D3>D6>D5>D4>D7，各处理依次分别是最低水分利用效率 D7 的 1.31（2.75 kg·hm^{-2}·mm^{-1}）、1.21（1.88 kg·hm^{-2}·mm^{-1}）、1.13（1.19 kg·hm^{-2}·mm^{-1}）、1.09（0.79 kg·hm^{-2}·mm^{-1}）、1.06（0.57 kg·hm^{-2}·mm^{-1}）和 1.03（0.31 kg·hm^{-2}·mm^{-1}）倍。

表 8-5 种植密度对胡麻籽粒产量和水分利用效率的影响

Table 8-5 Effects of different planting density on oil flax yield and water use efficiency

处理	土壤贮水量（mm）		农田耗水量（mm）	籽粒产量（kg. hm^{-2}）	水分利用效率（kg·hm^{-2}·mm^{-1}）
	播种前	收获后			
D1	36.21	18.43	156.98	1 837.95a	11.71
D2	28.60	20.31	147.48	1 598.40ab	10.84
D3	38.47	18.31	159.36	1 617.30ab	10.15
D4	39.37	16.56	162.01	1 501.35ab	9.27
D5	34.94	17.20	156.93	1 495.05ab	9.53
D6	35.43	17.37	157.25	1 533.30ab	9.75
D7	40.84	19.30	160.73	1 441.80b	8.96

8.3 覆膜及施氮后胡麻籽粒产量及水分利用效率的变化特征

8.3.1 覆膜及施氮对胡麻产量构成因素及籽粒产量的影响

胡麻产量及产量构成因素对地膜及氮肥种类的响应结果见表8-6。

从表8-6可以得出，覆膜与否条件下的单株蒴果数、单果籽粒数和千粒重均呈现覆膜大于露地的趋势，但均未达到差异显著水平；覆膜条件收获指数显著提高，籽粒产量显著高于露地。F_4、F_3、F_2、F_1的单株籽粒产量较F_0分别高 38.61%、30.03%、27.6% 和 24.89%（$p<0.05$），且 3 种生物降解膜覆盖下的单株籽粒产量显著高于普通地膜处理，F_4分别较F_1提高 8.56%（$p<0.05$）。

施氮与否及氮肥种类不影响胡麻籽粒的千粒重，但施肥显著提高了单株蒴果数和单果籽粒数。单株蒴果数，N_2和N_1间无显著差异，但分别显著高于N_0 10.6% 和 11.32%。

收获指数，本质反映了作物的同化产物在营养器官和籽粒上的分配比例。覆膜和施氮肥互作下的收获指数范围为 0.24~0.36，F_1显著高于F_0，其他地膜处理之间无显著差异。覆膜可以提高收获指数，进而提高籽粒的产量。

从实际收获计产结果来看，地膜覆盖及施用氮肥均显著提高了籽粒产量；覆膜的 F_1、F_2、F_3、F_4 较未覆膜的 F_0 籽粒产量分别提高 23.11%、21.08%、19.53%、22.51%；N_2 比 N_0 显著增加 28.97%，N_1 比 N_0 显著增加 25.24%。

表 8-6　地膜及氮肥种类对胡麻产量及产量构成因素的影响

Table 8-6　Effect of film mulching and nitrogen fertilizer types on yield components of flax

处理 Treatment		单株蒴果数 Number of capsules per plant（个）	单果籽粒数 Seeds per pod （个）	千粒重 1 000-seed weight（g）	籽粒产量 Grain yield （g·株$^{-1}$）	收获指数 Harvest index	籽粒产量 Grain yield （kg·hm^{-2}）
F×N							
F_0	N_0	9.33c	6.67abc	5.88b	0.59g	0.24d	554.24c
	N_1	14.00a	7.67ab	6.11ab	0.62fg	0.25d	652.64b
	N_2	13.67a	8.00ab	6.23ab	0.77abc	0.37ab	681.92b
F_1	N_0	9.67bc	6.00bc	6.01ab	0.71cde	0.24d	664.83b
	N_1	13.00abc	7.00abc	6.23ab	0.81ab	0.35abc	845.84a
	N_2	12.67abc	7.00abc	6.29ab	0.70cde	0.33bc	814.66a
F_2	N_0	10.67abc	7.67ab	5.95ab	0.66efg	0.34abc	660.94b
	N_1	9.33c	5.00c	6.24ab	0.74bcd	0.26d	792.41a
	N_2	11.67abc	8.00ab	6.34a	0.68def	0.32c	833.68a
F_3	N_0	11.67abc	8.67a	6.12ab	0.69cdef	0.33bc	662.56b
	N_1	12.00abc	7.33abc	6.21ab	0.76abcd	0.35abc	794.77a
	N_2	13.67a	5.67bc	6.36a	0.80ab	0.38a	800.46a
F_4	N_0	10.33abc	5.00c	6.00ab	0.77abcd	0.36abc	629.64b
	N_1	13.00abc	7.00abc	6.28ab	0.82a	0.24d	835.73a
	N_2	13.33ab	7.67ab	6.20ab	0.82ab	0.36ab	848.56a
F		NS	NS	NS	*	*	*
N		*	*	NS	*	*	*
F*N		NS	NS	NS	*	*	NS

8.3.2　覆膜及施氮对胡麻耗水量及水分利用效率的影响

不同处理下胡麻的耗水量及水分利用效率结果如表 8-7 所示。

从表 8-7 中可以看出，覆膜与否、地膜的材料与厚度，施氮与否以及氮肥的种类，均不影响胡麻的耗水量，但覆膜及氮肥显著影响水分利用效率。

N_1、N_2 的水分利用效率均显著高于 N_0，较 N_0 分别显著增加 32.26%、38.96%（$p<0.05$），N_1 的水分利用效率虽比 N_2 低 5.07%，但没有达到显著差异。以上结果表明，施用氮肥特别是有机无机肥配施显著促进了胡麻对土壤水分的有效吸收利用，从而进一步提高籽粒产量。有机肥与化肥配施，不仅促进了胡麻生长，而且加强了胡麻对深层土壤水分的吸收利用，从而利于高产。

5 个覆膜水平下的水分利用效率，F_1、F_2、F_3、F_4 较 F_0 分别提高 23.56%、23.74%、22.48%、21.76%，覆膜之间无显著差异。地膜覆盖通过抑制水分蒸发而提高了胡麻对水分的有效吸收。覆膜种植使胡麻产量提高，水分利用效率也同步提高。生物降解膜与普通地膜的水分利用效率无显著差异。

表 8-7　不同地膜及氮肥种类下胡麻耗水量及水分利用效率

Table 8-7　Water consumption and water use efficiency of flax under different film mulching and nitrogen fertilizer types

处理 Treatment		耗水量 Water Consumption （mm）	水分利用效率 Water use efficiency （kg · hm^{-2} · mm^{-1}）
F×N			
F_0	N_0	333.10a	1.71f
	N_1	332.06a	1.87ef
	N_2	336.33a	1.98cdef
F_1	N_0	337.25a	2.17abcde
	N_1	333.89a	2.28abc
	N_2	337.42a	2.42ab
F_2	N_0	332.02a	2.09bcde
	N_1	335.23a	2.37ab
	N_2	337.93a	2.42ab
F_3	N_0	334.41a	2.18abcde

（续表）

处理 Treatment		耗水量 Water Consumption （mm）	水分利用效率 Water use efficiency （kg・hm^{-2}・mm^{-1}）
F$_4$	N$_1$	334.98a	2.22abcd
	N$_2$	332.70a	2.41ab
	N$_0$	333.46a	1.94def
	N$_1$	336.59a	2.39ab
	N$_2$	335.24a	2.44a
	F	NS	*
	N	NS	*
	F×N	NS	NS

8.4　小结

8.4.1　旧膜利用方式对旱地胡麻产量及水分利用效率的影响

5 种旧膜利用方式下胡麻产量均显著高于对照（T6），收获后留旧膜、翌年收旧膜覆新膜播种处理（T4）与收获后除旧膜、整地覆新膜、翌年播种处理（T5）分别较对照增产 889 kg・hm^{-2}、750.25 kg・hm^{-2}，收获后留旧膜、翌年直接播种处理（T1），收获后留旧膜、翌年旧膜覆土播种处理（T2）及收获后旧膜覆盖作物秸秆、翌年除秸秆播种处理（T3）分别较对照增产 551.32 kg・hm^{-2}、537.95 kg・hm^{-2}和 390.84 kg・hm^{-2}；水分利用效率与产量变化趋势基本一致，各处理分别比露地播种对照增加 153.63%（T4）、129.82%（T5）、97.49%（T1）、85.71%（T2）和 64.41%（T3），旧膜利用处理后产量构成因子差异主要体现在有效分枝数与千粒重，且籽粒产量同千粒重及有效分枝数分别呈极显著正相关（$R=0.713$）、显著正相关（$R=0.411$），说明5种旧膜利用方式均对提高胡麻籽粒产量和水分利用效率有重要作用，旧膜在整个胡麻生育期，尤其是生育前期保证了植株需水，增加了光合叶面积及同化能力，同时为生育后期籽粒产量形成奠定了物质基础。

8.4.2 种植密度对旱地胡麻产量及水分利用效率的影响

一膜两年用胡麻在7种种植密度处理下，300万粒·hm^{-2}，450万粒·hm^{-2}，600万粒·hm^{-2}，750万粒·hm^{-2}，900万粒·hm^{-2}，1 050万粒·hm^{-2}，1 200万粒·hm^{-2}中，低密度处理较高密度明显具有产量优势。低密度300万粒·hm^{-2}下同步获得了最高产量1 837.95 kg·hm^{-2}和最高水分利用效率11.71 kg·hm^{-2}·mm^{-1}，均出现了随密度增加产量及水分利用效率逐步降低的趋势，且分别比最低产量和最低水分利用效率D7处理增加27.47%和30.69%。产量构成因子对密度处理的响应则主要体现在有效分茎数和主茎有效分枝数，密度对蒴果大小、每果着粒及千粒重的影响无明显规律。可见，一膜两年用条件下，稀播胡麻更利于产量和水分利用效率获得，但适宜种植密度的选择同时还需结合当地生产条件、人工精作程度及耕作等的差异综合考虑，结合甘肃中东部年均降水条件，以及试验中胡麻灌浆期籽粒灌浆特性和该地区实践条件，300万~450万粒·hm^{-2}的种植密度适宜于该地区一膜两年用生产条件。

8.4.3 覆膜及施氮对旱地胡麻产量及水分利用效率的影响

覆膜对胡麻单株蒴果数、单果籽粒数和千粒重无显著影响，但显著提高了收获指数。施氮与否及氮肥种类不影响千粒重，但施肥显著提高了单株蒴果数和单果籽粒数。地膜覆盖及施用氮肥均显著提高了籽粒产量；覆膜的 F_1、F_2、F_3、F_4 较未覆膜的 F_0 籽粒产量分别提高 23.11%、21.08%、19.53%、22.51%，可降解地膜 F_4 的增产效果与 F_1 无显著差异。N_2、N_1 较 N_0 的籽粒产量显著增加 28.97% 和 25.24%，有机无机氮肥配施增产效果显著。覆膜及氮肥均不影响胡麻的耗水量，但显著提高了水分利用效率（WUE）。N_1、N_2 的 WUE 较 N_0 分别显著增加 32.26%、38.96%（$p<0.05$），有机无机肥配施显著促进了胡麻对土壤水分的有效吸收利用。覆膜时 F_1、F_2、F_3、F_4 的 WUE 较 F_0 分别提高 23.56%、23.74%、22.48%、21.76%，生物降解膜与普通地膜的水分利用效率无显著差异。

9 讨论与结论

9.1 讨论

9.1.1 旱地地膜覆盖对胡麻田水分与温度的影响

9.1.1.1 旱地一膜两年用条件下胡麻田水分与温度的变化

任军荣等[195]研究表明，地膜覆盖栽培可减少膜内外平行与垂直热对流消耗的土壤热量，阻止土壤水分扩散和蒸发，因此具有良好的增温保墒效应。免耕能改善土壤结构，提高土壤含水量[196]。而土壤贮水是作物水分的重要来源[197]。本试验结果表明，在胡麻营养生长期，5种旧膜利用方式下土壤贮水量均显著高于露地播种对照，其中，收获后留旧膜、翌年收旧膜覆新膜播种（T4）方式下贮水量在苗期、枞形期及现蕾期都居于首位，能够起到良好的保墒作用，这与刘金海等[87]在旱地小麦上的研究结果一致。而旧膜与秸秆的双重覆盖能将其播前的保墒作用延续至枞形期。生殖生长期，各处理与对照无显著差异。表明不同旧膜覆盖方式的保墒效果主要集中在胡麻现蕾期前，对胡麻生育后期土壤贮水量影响不明显。

保墒增温是地膜覆盖后作物增产的主要原因，其中，对土壤温度的调节，在作物非生育期和生育期能够明显改善作物生长所需要的农田小气候，直接影响作物播期和生育进程，且有防止生态恶化、保护环境的功能[198]。地膜覆盖不同作物后，均有明显的增加土壤温度的作用，地膜对小麦田土壤的增温效果在生育前期的出苗期到拔节期[199]，而生育后期不明显，除与外界气温有关外，也与小麦植株大小接受太阳直照地面光量有关，使土壤热传导发生变化[200]。新疆棉田土壤温度对地膜覆盖的响应也表明，覆膜对土壤的增温效应主要表现在了棉花生长前期[201]，在5月，不同程度的覆膜能使土壤温度增加0.9~2.3 ℃。本研究对不同旧膜利用方式下旱田胡麻土壤温度变化效应表明，旧膜覆盖对胡麻田土壤温度的调控主要表现在生育前期的播种、苗期和枞形期，并随生育时期推进及土层加深影响逐渐减弱，播种、苗期差异出现在15 cm土层内，枞形期则上移10 cm土层内。处理对土层温度维持效应的响应差异则主要表现为新膜（T5）>旧膜（T4、T1、T2、T3）>露地（T6）。这亦与史建国等的结论相似[12]。且全生育期总有效积温0~10 cm土层均表现为：新膜(T5) >旧膜（T4、T1、T2、T3）>露地（CK，T6）。可见，旧膜具有类似于新膜的在生育前期增加土壤温度作用，保证了作物出苗、全苗和根系快速生长，而生育后期低于新膜的温度效应又能延缓作物早衰，保障了产量的形成[202]。

汪耀富等[203]研究表明，不同种植密度处理烟田0~60 cm土层土壤含水量随种植密度增大逐渐减少，水分亏缺量随之增大，尤其以高种植密度处理的土壤贮水量下降幅度较大，是由于烟株生长对土壤水分消耗增大的结果，但总体烟叶产量随密度增加而显著提高，以16 500株·hm^{-2}和19 500株·hm^{-2}较高。而陈光荣等通过密度与种植方式对旱作大豆产量及水分利用的影响则表明，地膜穴播、露地沟播与露地条播时，同一方式下不同播种密度对整个生育期间大豆田间耗水量无明显影响，播种密度对百粒质量影响不显著[204]。本试验结果表明，不同种植密度下，胡麻田0~1 m土壤贮水量呈现随密度增加贮水量逐渐下降的趋势，且处理间贮水量差异主要体现在现蕾期，其中 300 万粒·hm^{-2} 处理下贮水量最高，达到 31.19 mm，显著高于 1 050 万粒·hm^{-2}、1 200 万粒·hm^{-2}，但其余处理与上述三者无显著差异。

9.1.1.2　不同类型地膜覆盖后胡麻田水分与温度的变化

孙涛等[144]研究表明，地膜覆盖可以减少土壤水分的流失，特别是地膜形成一道阻止水分散失的屏障，有效截留了水分。本研究表明，地膜覆盖对土壤含水量有一定的影响，普通地膜覆盖下 0~60 cm 处土壤含水量在前期高于露地处理，覆膜处理间土壤含水量在胡麻生育前期差异不显著，主要由于胡麻生育前期普通地膜与生物降解地膜对土壤保水作用基本相同，阻挡了土壤水分的无效蒸发；自花期开始，生物降解膜和露地的土壤水分含量逐渐接近，可能由于胡麻生育后期降水逐渐增多，生物降解地膜出现大面积降解，容易接纳入渗的雨水。覆膜显著提高了胡麻生育前中期的土壤含水量，开花期之前的效果显著；覆膜显著的集雨保墒作用主要体现 40 cm 以上的浅层土壤；普通地膜提高土壤含水量的作用效果显著高于可降解地膜；可降解地膜的保墒效果随其厚度的增加而增加，F$_4$ 的效果最显著。覆膜具有显著的增温效应，提高地温的作用也主要体现在生育前期和 0~20 cm 的土层，生物降解膜的保温效果不如普通地膜但是优于未覆膜。

覆膜主要影响开花之前 0~15 cm 的土壤温度，分茎期及现蕾期覆膜的影响深度较大，可波及 15~25 cm 的土层。覆膜的增温效果随生育进程的推进而变化，对生育前期的耕层土壤温度具有显著的提升效果；生育后期由于群体的郁闭遮阴和生物降解膜出现降解，保温效果逐渐减弱；成熟期又呈现出一定的增温作用。比较生物降解地膜与普通地膜对土壤环境和作物生长发育的覆盖效果，可为选择适宜的生物可降解地膜并在农业生产中推广应用奠定理论依据。乔海军等[205]研究表明，生物降解膜可显著提高玉米播种至拔节期的土壤水分和温度，但抽雄期后覆膜与未覆膜处理间的土壤温度无显著差异；王星等[19]的研究表明，在玉米生育中期，可降解地膜具有显著的增温效果，但保水效果不明显。本研究显示，在胡麻生育前期，4 种覆膜处理下土壤温度和水分均显著高于未覆膜处理；随胡麻生育进程的推进，在生育后期，生物降解膜处理与未覆膜间土壤温度、水分差异不显著，这与前人研究结果类似，主要是因为在胡麻生育后期，生物降解膜开始降解破裂，膜表面出现裂缝，保水、保温效应逐渐减弱。

9.1.2　旱地一膜两年用胡麻光合面积的变化

叶片作为作物有机物质生产的主要器官，叶面积大小及功能期的长短对作物的光合作用有重要影响。傅兆麟等[206]研究表明，叶面积，尤其是旗叶面积与穗粒重呈极显著正相关，而开花后叶面积的大小影响籽粒的灌浆速率，粒重受花后干物质积累量的制约[84,207]。本研究 5 种旧膜利用方式对胡麻各生育期叶面积的影响在各时期都表现出 T4、T5 处理显著高于其他处理，且营养生长时期 T4 处理居首位，营养生长后期至生殖生长期 T5 处理居首位，而对照 T6 比其他处理叶面积增长明显滞后，表明不同旧膜利用方式能够明显提前胡麻叶面积增长期的出现，大大延长了叶片功能时期。T4 处理花前总干物质积累量高也很好地证实了这一点。这可能与前茬作物留旧膜，翌年春天除旧膜覆新膜免耕播种，在干旱环境下既有效防止土壤水分散失，避免土壤结构破坏密不可分[208]。收获后除旧膜、整地覆新膜，翌年播种（T5）处理总干物质积累花后居高的变化可能与新膜覆盖后，花后高温环境下表现出优于旧膜的保墒能力有关，叶面积显著上升，也增大了光合面积，促进了光合作用及同化物的积累。

不同种植密度处理后，胡麻植株单株叶面积对种植密度的响应类似于贮水量，均表现出随密度增加叶面积降低态势[209]。现蕾期差异较大，此时 300 万粒·hm^{-2} 处理叶面积显著高于 600 万粒·hm^{-2}、750

万粒·hm^{-2}、900万粒·hm^{-2}、1 050万粒·hm^{-2}、1 200万粒·hm^{-2}，
1 050万粒·hm^{-2}最低；450万粒·hm^{-2}显著高于600万粒·hm^{-2}、
1 050万粒·hm^{-2}、1 200万粒·hm^{-2}；750万粒·hm^{-2}与900
万粒·hm^{-2}处理间无显著差异，但都显著高于1 050万粒·hm^{-2}。在
苗期、枞形期、花期及成熟期，各处理间叶面积无显著差异，但300
万粒·hm^{-2}处理在枞形期、现蕾期、花期和成熟期均居于首位。可
见，不同种植密度对一膜两年用胡麻土壤贮水量及叶面积的影响主要
表现在胡麻由营养生长阶段进入生殖阶段前，此时低密度下充足的水
分及较高的光合面积不仅降低了群体内对水资源的竞争，亦能提高叶
面积指数和光合势，即提高了光合作用的规模和时间，也降低了胡麻
群体茎叶郁蔽，净同化率明显下降所致的负面影响[103]，为其干物质
的进一步积累和生殖器官的形成奠定了光合水分基础。

9.1.3 旱地地膜覆盖后胡麻干物质积累分配规律

干物质的生产与积累是一个复杂的动态过程。陈艳秋等[210]在大
豆上的研究表明，生育前期生长量不足，干物质积累量过低，会影响
后期灌浆物质来源，对产量形成不利。黄明等[211]研究表明，不同耕
作覆盖方式通过改善耕作层土壤水分条件，提高小麦干物质积累能
力，秸秆覆盖与翻耕整地提高了小麦花后干物质积累量和在穗部的分
配比例。陈乐梅等[72]研究表明，免耕覆盖主要是增加植株中总干物
质的积累量，对干物质在不同器官中的分配比例无显著影响。本试验
结果表明，收获后留旧膜，翌年收旧膜覆新膜播种（T4）始终保持
较高的花后干物质积累量，最大成熟期籽粒分配量及分配比例和花后
干物质同化量对籽粒的贡献率，说明该旧膜再利用方式显著提高了胡
麻对土壤水分、养分的利用，有利于胡麻花前干物质基础的积累和花
后干物质向籽粒的分配。残膜覆土直播及残膜秸秆双重覆盖播种方式
下由于覆盖土和秸秆导致部分旧膜混入耕层，破坏了土壤结构和性

质，降低了其花后干物质积累量和成熟期籽粒干物质分配量及比例。综上可见，旧膜功能期的延长具有与新膜等同的作用，免耕及秸秆覆盖有利于提高花后干物质积累和同化产物向籽粒的分配，这是上述几种旧膜再利用方式获得高产的生理基础。覆膜和施肥处理亦均显著促进了胡麻生育前中期的干物质积累。本试验结果表明，以普通地膜和 0.012 mm 的可降解地膜促生作用较高；营养生长阶段的促生作用有机无机配施大于单施无机肥，而花期相反。施氮肥能在前期更好地保证干物质的迅速积累，有机无机肥配施的促生保产效果明显。

胡麻单株干物质积累量除苗期处理间差异不显著外，其余生育时期均表现为随密度上升干物质积累下降的趋势，其中，低密度处理 300 万粒·hm^{-2}效果尤为突出。同时，自枞形期至花期，各处理单株干物质积累量均呈快速上升趋势，花期至成熟期，300 万粒·hm^{-2}、450 万粒·hm^{-2}、600 万粒·hm^{-2}、750 万粒·hm^{-2}处理下胡麻单株干物质继续保持增长，900 万粒·hm^{-2}、1 050 万粒·hm^{-2}、1 200 万粒·hm^{-2}处理下增长趋势不明显，甚至略有下降。可以看出，随着种植量的增加，胡麻冠层微生态环境变化，加剧了胡麻群体中植株对于光照、水分、CO_2等的竞争，灌浆速率变缓，造成了生育中后期高密度条件下单株干物质积累的减少[136]。然而在大田环境中，作物生长是群体和个体之间竞争与互补的过程，本研究密度范围中，群体花前贮藏同化物转运量及其对籽粒的贡献率随密度增加而减小，两两处理间差异变幅较大，为 79.09~508.69 kg·hm^{-2}，花后群体干物质积累量及其对籽粒的贡献率随密度增加而上升[213]，D7 最高，显著高于其他处理，其余处理间无显著差异，但两两处理间差异变幅较小，为 55.58~272.99 kg·hm^{-2}，可见随着密度的增加，个体干物质积累下降的速度不能完全抵消因个体数量增加而引起的群体干物质积累的增加[214]，不同密度处理间群体干物质总积累量的差异体现在差异较大的花前积累量上，从而导致了最终产量的形成以低密度为优。

9.1.4 旱地胡麻生长特性对地膜覆盖及施氮的响应

干物质积累和分配是产量形成的基础，也是作物生长过程中"源—库—流"理论的主要组成部分。而干物质的生产与积累是一个复杂的动态过程。如大豆生育前期生长量不足，干物质积累量过低，会影响后期灌浆物质来源，对产量形成不利[210]。本研究中当地露地对照 T6 处理下，胡麻所表现出的整个生育期均低于其他处理的干物质积累量亦证实了这一点。闫志利等[16]通过此旧膜利用方式对胡麻生理特性的影响也发现，其中 T4 处理有利于提高叶片可溶性蛋白，进而可能增强叶片光合能力和胡麻干物质的积累。而对常规不覆盖亚麻的干物质积累的研究发现，亚麻各生育期干物质积累是呈抛物线型，峰值在开花期，茎干物质随生育期进展逐渐增多，而根、叶的干物质逐渐减少[215]。本研究表明，不同旧膜利用方式下总生物量及分器官生物量积累均高于对照，非抛物线型而呈不断上升趋势，其中，花前 6 个处理中 T4 处理下胡麻表现出了高于其他处理的同化力，不仅体现在此过程其最高的干物质积累，亦体现在其苗期—枞形期高的净同化率（10.66 g · m^{-2} · d^{-1}）和快速生长期高的相对生长率上（0.1168 g · g^{-1} · d^{-1}），花后 T5 处理干物质积累的上升和其高于其他处理的相对生长率（0.1839 g · g^{-1} · d^{-1}）直接反映到其最终的产量优势上。可见，花前各处理能促进胡麻生长的加快和干物质的迅速积累，其中以 T4 影响最明显；而花后干物质的累积直接影响胡麻籽粒、产量形成[216]，本研究中 6 种处理下，花前胡麻的同化积累量为：T4>T5>T2>T3>T1>T6，花后积累量为：T5>T1>T4>T2>T3>T6，表明胡麻产量的最终形成并非只由花后积累决定，而是花前干物质和花后干物质共同作用的结果，当年作物收获后留旧膜，翌年除旧膜覆新膜免耕播种方式（T4）对促进花前各器官干物质积累及延长光合功能期具有最优效果，也弥补了其花后积累的下降[59]。

不同密度处理后，净同化率（NAR）均以低密度 D1 处理下最高，随种植密度增加而降低。苗期—枞形期，D1 较最低 D5 处理显著高出 2.05 倍；枞形期—现蕾期，D3、D1 分别较最低 D7 处理高出 5.27 倍和 5.13 倍；现蕾期—花期，D1、D3 分别较最低 D6 处理高出 8.84 倍和 7.17 倍，可见，随生育进程的推进，种植密度对胡麻净同化率的调控程度逐步加深，差异明显。干物质生产率（RGR）则可能由于生育前期胡麻植株相对矮小，苗期—现蕾期中种植密度对其调节并不明显，现蕾期及以后，这种生产能力才表现出随密度的上升而下降的趋势。

覆膜和施用氮肥已经被证明是半干旱区促进作物增产增收的有效管理措施。地膜覆盖和氮肥施用技术已在旱作农业区的作物生产中得到了大面积的推广应用[217]。曹雪梅[218]等研究发现，覆膜能够提供充足水分与适宜的温度，从而促进了玉米的形态建成及其生长发育。覆膜及增施氮肥均能显著提高玉米各生育时期的株高、茎粗和叶面积。本研究结果也表明，覆膜较未覆膜缩短了胡麻营养生长但延长了其生殖生长时间。覆膜处理下的株高、茎粗、叶面积显著高于未覆膜处理，覆膜显著提高了出苗率，覆膜和施肥提高了各生育时期的茎粗，但覆膜材料间的影响差异较小。覆膜条件下，有机无机氮配施对胡麻生长发育的促进作用显著高于单施等量的无机氮肥。

良好的生长状态是作物高产的基础。吴秀宁[219]的试验结果表明，等量供肥条件下，施用有机肥时夏玉米的株高、茎粗和整体农艺性状显著优于其他施肥处理，植株的干物质积累量也显著增加，从而显著提高了籽粒产量。本研究结果也表明，有机无机氮肥配施处理下的胡麻茎粗、株高增加速度明显加快，且有机肥与化肥配施能在生育后期保持相对较高的叶面积，这为干物质的积累奠定了良好的基础，进而利于灌浆和提高籽粒产量。

9.1.5　旱地胡麻叶片生理特征对旧膜利用的响应

Mahajan 等[220-224]研究认为，不同地膜覆盖方式均能有效地改善土壤水温条件，增强养分供应能力，激发各种酶活性，有利于各种微生物的生长，提高作物产量。任稳江[225]研究认为，农田旧膜继续覆盖至翌年春天，仍具有一定的保温提墒作用，有利于提高作物产量。本研究结果表明，当年作物收获后旧膜继续留在田间，仍具有一定的地膜覆盖效果，有利于胡麻叶片 SOD 活性的增加。但在旧膜上覆土会对胡麻生长前期叶片 SOD 活性产生负效应，这是由于覆土将旧膜压于土壤内，影响胡麻根系前期浅层生长所致。翌年春天播前收除旧膜、并再次覆盖新膜对提高胡麻叶片 SOD 活性作用最大，且当年覆膜优于上年覆膜。不同旧膜再利用方式处理叶片 MDA 含量与叶片 SOD 活性变化趋势基本一致，二者间呈正相关态势。在胡麻成熟后期，随着各处理间叶片 SOD 活性差异的缩小，播前收除旧膜、再覆新膜处理叶片 MDA 含量与其他旧膜再利用方式处理差异明显加大，这从生理指标上验证了姚天明[226]研究的地膜覆盖加快胡麻衰老进程的结论。

本研究结果表明，当年作物收获后旧膜继续留在田间、翌年春天播前收除旧膜、播前再覆新膜处理的胡麻叶片可溶性蛋白含量始终保持着较大的优势，说明该旧膜再利用方式显著提高了胡麻对土壤养分、水分的利用效率，有利于增强叶片的光合能力和干物质积累。而当年作物收获后在旧膜上覆盖作物秸秆、翌年除去秸秆播种以及作物收获后当即收除旧膜并覆盖新膜、翌年春天播种的处理也具有一定的土壤养分、水分利用优势。在旧膜上覆土播种使胡麻苗期叶片可溶性蛋白含量最低，现蕾期后与其他处理差异逐步减小，这是由于胡麻根系逐渐下扎、减小了残膜混入土壤浅层影响根系生长的结果。枞形期当年作物收获后旧膜继续留在田间、翌年春天播前收除旧膜、播前再覆新膜和作物收获后在旧膜上覆盖作物秸秆、翌年除去秸秆播种以及作物收获后当即收除旧膜覆盖新膜、翌年春天播种等 3 种处理脯氨酸含量较高。而后除旧膜覆土处理外，其他处理各生长时期脯氨酸含量均趋于一致。

9.1.6　旱地地膜覆盖后胡麻灌浆特性的变化

籽粒灌浆是种子形成中重要的生理过程，它最终决定了籽粒重量和产量。灌浆特性的准确分析有助于加深对其生理过程的本质认识，也有利于对灌浆过程进行合理调控。有关小麦、水稻及玉米等灌浆特征的研究已见诸多研究[227-230]，由于研究者使用的品种特性及栽培的地域生态条件不同，得出的结论也不尽一致。而关于胡麻灌浆规律的描述鲜见报道。本研究在一膜两年用生产条件下，研究了种植密度对胡麻籽粒灌浆特性的影响，不同处理胡麻籽粒灌浆进程可用 Logistic 方程很好地模拟，相关系数均在 0.99 以上。籽粒灌浆积累过程可划分为 3 个阶段：渐增期、快增期、缓增期，分别为花后 3~6 d、6~31 d、28~38 d。快增期对籽粒质量增加贡献最大，这亦与任红松（2004）等对 6 个小麦品种籽粒灌浆特性的分析一致[231]。300 万~750 万粒·hm^{-2}低密度范围内处理间达到最大灌浆速率的时间差异较小；之后因单位面积上个体数量增加，群体竞争增强，随密度增加达到最大灌浆速率的时间明显增长[232]，且最大灌浆速率减小，百粒重降低。灌浆期种植密度与产量构成相关的分茎数、分枝数、蒴果数呈负相关，与株高无明显相关关系[233,234]。

9.1.7　地膜覆盖和施氮对土壤养分利用和微生物数量的影响

李华等[235]认为，地膜覆盖能显著促进小麦前期的生长，覆盖后小麦生育前期氮素累积量和氮素转移量显著高于常规栽培，但生育后期氮素累积量在干旱条件下与常规栽培无显著差异。本试验结果表明，与不覆膜相比，覆膜显著增加了胡麻植株体内的氮素累积量和氮素转移效率。相同覆盖措施下，有机无机配施处理的氮肥农学利用率、氮肥偏生产力显著高于未施氮肥的处理，地膜覆盖提高了胡麻花后氮素吸收累积和营养器官的氮素转运量。这与朱琳[236]等研究的地膜覆盖使春玉米"源—库"的协同提升促进了籽粒氮素累积的结果一致。覆膜显著增加了现蕾之后有机质的分解速率。施氮显著增加了各个生育时期的土壤有机质含量，有机无机氮肥配施的促进作用大于单施无机氮肥。地膜覆盖与否不影响土壤铵态氮的含量，但单施无机氮肥及有机无机配施均显著提高了各生育时期的耕层铵态氮水平。覆膜与否及覆膜材料不影响生育前期的土壤硝态氮含量，但开花期之后覆膜显著高于不覆膜。施氮肥显著提高了生育前中期的土壤硝态氮含量，但开花后耕层硝态氮水平影响较小。

有机无机肥配施和无机肥的长期施用，均能提高土壤耕层的养分含量及其积累量。倪康等[192]在试验研究中发现，有机无机肥配施可以显著减少土壤中氨的挥发损失，而单施无机肥或有机肥的田间氨挥发量则较高。也有研究表明，单施无机氮肥时，土壤硝态氮的淋溶和铵态氮的挥发损失量均较高，而有机无机氮肥配施显著降低了土壤氮的淋失量，在降雨情况下，更易于造成硝态氮向土壤下层迁移[237]。本试验结果也表明，有机无机氮肥配施处理下土壤中的硝态氮、铵态氮含量均比单施无机氮肥高，不同覆膜及氮肥方式下，硝态氮含量和铵态氮含量的总体变化趋势相似，均呈现随生育时期的推进而下降的趋势。在生育时期相同时，硝态氮的含量要高于铵态氮的含量，这与前人的研究结果一致。

张福锁等[238]认为，肥料的偏生产力比较适合当前我国养分供应量大、肥料增产效益低的现状，可以用于评价作物对肥料的利用状况。本试验中，胡麻的氮肥偏生产力因施肥水平而具有较大差异，有机无机配施和单施无机肥的氮肥偏生产力比未施肥显著增加 17.02%、13.31%。有机肥配施化肥，一方面通过有机肥培肥地力，另一方面则通过调节土壤和肥料的养分供应强度，均衡满足作物各个生育阶段的养分需求，从而提高水分利用效率和氮肥利用效率，增加籽粒产量。

研究表明，地膜覆盖在一定程度上增加了秋冬季节耕层土壤中细菌、真菌、放线菌的数量，且对冬季土壤中微生物数量的增加作用更明显[239]；水稻覆膜后能明显提高整个生育期内土壤细菌、真菌、放线菌数量[240]。本研究表明，覆膜处理下土壤细菌、真菌、放线菌数量显著多于未覆膜处理，覆膜处理之间微生物数量差异不显著。土壤微生物的种类、数量、群落结构等对土壤结构和养分有效性以及植物生长和品质形成均具有非常重要的作用。施用有机肥可以提高土壤微生物的数量、优化其群落结构及提高其功能[150]。郭小强[241]等的研究表明，施用有机肥后，辣椒根际土壤的细菌和真菌数量显著增加。杜社妮等[242]也表明，有机肥施用显著促进了微生物数量的增加。施入土壤中的有机肥，为微生物提供了新的能源，使微生物在种群数量上发生较大改变。高巍等[243]研究发现，有机无机肥长期配施显著增加土壤中三大菌群的数量，提高了土壤真菌的均匀度和多样性。在本研究中，有机无机氮肥配施较单施无机肥显著提高了苗期耕层土壤中的细菌数量，施用有机肥的处理，微生物增长趋势为：细菌>放线菌>真菌，这与罗安程[244]等在水稻根际土和非根际土可培养微生物研究的趋势相似。但氮肥来源不影响真菌和放线菌的数量。

9.1.8 地膜覆盖对旱地胡麻产量及水分利用效率的影响

周兴祥等[245]和 Ghuman 等[246]认为，不同覆膜栽培方式能使玉米水分利用效率提高 19.62%~66.43%，少免耕覆盖可以使小麦产量提高 7.2%~18.4%，而旧膜二次利用后胡麻较露地播种增收

527 kg·hm^{-2} [247]，本研究结果表明，5 种旧膜利用方式下胡麻产量均显著高于对照，收获后留旧膜、翌年收旧膜覆新膜播种处理（T4）与收获后除旧膜、整地覆新膜、翌年播种处理（T5）分别较对照增产 889 kg·hm^{-2}、750.25 kg·hm^{-2}，收获后留旧膜、翌年直接播种处理（T1），收获后留旧膜、翌年旧膜覆土播种处理（T2）及收获后旧膜覆盖作物秸秆、翌年除秸秆播种处理（T3）分别较对照增产 551.32 kg·hm^{-2}、537.95 kg·hm^{-2}和 390.84 kg·hm^{-2}；水分利用效率与产量变化趋势基本一致，各处理分别比露地播种对照增加 153.63%（T4）、129.82%（T5）、97.49%（T1）、85.71%（T2）和 64.41%（T3）。说明 5 种旧膜利用方式均对提高胡麻籽粒产量和水分利用效率有重要作用，旧膜在整个胡麻生育期，尤其是生育前期保证了植株需水，增加了光合叶面积及同化能力，同时为生育后期籽粒产量形成奠定了物质基础。

曹秀霞等[248]和令鹏[234]认为，干旱地露地胡麻适宜种植密度分别在 825 万粒·hm^{-2}和 995 万粒·hm^{-2}，且分别较最低处理增产 29.77%和 36.44%。除了株高外，随着密度的增加，分茎数、主茎分枝数、蒴果数及单株粒重逐渐减少，千粒重的变化不大。本试验条件下，低密度处理 300 万粒·hm^{-2}下同步获得了最高产量 1 837.95 kg·hm^{-2}和最高水分利用效率 11.71 kg·hm^{-2}·mm^{-1}，均出现了随密度增加产量及水分利用效率逐步降低的趋势，且分别比最低产量和最低水分利用效率 D7处理增加 27.47%和 30.69%。产量构成因子对密度处理的响应则主要体现在有效分茎数和主茎有效分枝数，密度对蒴果大小、每果着粒及千粒重的影响无明显规律。可见，一膜两年用条件下，适度稀播胡麻（300 万~450 万粒·hm^{-2}）更利于产量和水分利用效率获得[249]，在整个胡麻生育期，尤其是现蕾期至花期保证了植株需水，增加了光合叶面积和同化能力，进而保证了中后期籽粒高灌浆速率的获得及干物质累积，为其籽粒产量形成奠定了物质基础。同时，上述胡麻种植低密

度的选择，仍要充分考虑种子的发芽率和地区间播种—苗期的降水
情况。

在旱地农业区，地膜覆盖能提高作物产量和水分利用效率[250]，
而合理的有机肥、化肥配施比例对于获得高产和提高水分利用效率也
至关重要[251]。本试验研究结果也表明，覆盖生物降解地膜的籽粒产
量与普通地膜差异不显著，而与未覆膜对照差异显著，且降解膜类型
之间产量差异不显著。覆膜有效蓄积了前中期的降水，减少了土壤水
分的蒸发，但胡麻长势的改善也提高了蒸腾耗水量；而露地的蒸发量
较高，致使覆膜与否的总耗水量无显著差异。化肥配施有机肥后的水
分利用效率增加了 38.96%，这与何晓雁等[252]在小麦上的研究结果一
致。有机无机肥配施较单施无机肥促进了胡麻对土壤水分的有效吸收
利用。覆膜显著提高了收获指数，施氮肥显著提高了单株蒴果数和单
果籽粒数。由此可见，在旱地雨养农业区，结合有机肥培肥地力，适
当增加氮肥施用量，有助于充分发挥地膜覆盖增产的持续效果。

9.2 结论

9.2.1 不同旧膜利用方式下胡麻田土壤水分与温度变化

（1）不同旧膜利用方式较露地栽培对照均有较好的保水效果。
保水影响主要体现在0~60 cm 耕层内，并随生育期推进处理效应可延
伸至100 cm 土层，100 cm 以下旧膜处理后土壤水分与对照差异不明
显。前茬收获后留旧膜，翌年直播具有显著的"蓄集墒情"效果，集
中体现到播前、苗期及枞行期内，现蕾期后减弱消逝。0~60 cm 土层
含水量播种和苗期处理间保水效果表现为：旧膜>新膜>露地；枞形
期、现蕾期及开花期则都呈现为：新膜>旧膜>露地，而成熟期则表

现为：新膜＞旧膜、露地，后二者间差异不明显，此时旧膜直播（T1）对水分的维持基本与露地处理相似。不同旧膜覆盖方式的保墒效果主要集中在胡麻现蕾期前，对胡麻生育后期土壤贮水量影响不明显。秸秆与薄土覆盖旧膜后与旧膜直播土壤含水量并无显著差异，对水分维持效应不明显。

（2）旧膜再利用能有效增加土壤积温，对胡麻土壤温度及生育期天数的调控主要表现在现蕾期前的播种、苗期和枞行期，且随生育时期推进及土层加深影响逐渐减弱，播种、苗期差异出现在 15 cm 土层内，枞形期则上移 10 cm 土层内。处理间对土层温度维持效应的差异主要表现为：新膜（T5）＞旧膜（T4、T1、T2、T3）＞露地（T6）。全生育期 0～10 cm 土层平均总有效积温表现为：新膜（T5）＞旧膜（T4、T1、T2、T3）＞露地（CK，T6），收后除旧覆新膜播种、播前除旧膜覆新膜播种、旧膜直播、旧膜覆土直播和膜覆秸秆播种分别比露地播种对照增加 216.53 ℃、172.21 ℃、110.06 ℃、112.98 ℃和 94.66 ℃，全生育期天数缩短 15.6 d、17.4 d、10.9 d、5.8 d 和 10.1 d，旧膜利用较对照平均缩短 11.1 d。

9.2.2 不同旧膜利用方式下胡麻植株生长发育及叶片生理特征变化

（1）旧膜利用后胡麻植株相对生长率、净同化率上升，干物质积累量显著增加。处理间变化趋势二者一致。营养生长期、生殖生长期最优均分别为播前除旧膜覆新膜播种和收获后整地覆新膜翌年播种处理，花后 2 处理提高籽粒干物质分配比例，降低主茎+分枝+果壳中的干物质分配，花后干物质同化量对籽粒的贡献率各处理依次为：播前除旧膜覆新膜播种＞收获后整地覆新膜翌年播种＞旧膜直播＞旧膜覆土直播＞旧膜覆秸秆播种＞露地播种（CK），分别为 71.93%、68.10%、65.16%、64.23%、61.01%和 57.11%。

（2）当年作物收获后旧膜继续留在田间，仍具有一定的地膜覆盖效果，叶片生理特性因处理而有所不同。其中，播前除旧膜覆新膜（T4）对提高胡麻叶片 SOD 活性及维持较高水平可溶性蛋白含量具有明显效应，且当年覆膜优于上年覆膜。成熟后期，叶片 SOD 活性差异缩小及收获后整地覆新膜翌年播种（T5）叶片 MDA 含量与其他旧膜再利用方式处理差异的明显加大，说明旧膜利用较新膜有一定的延缓衰老作用。旧膜覆土（T2）处理叶片生长前期 SOD 活性及可溶性蛋白含量的下降，可能由于覆土将旧膜压于土壤内，影响胡麻根系前期浅层生长所致，这种效应随胡麻生长、根系下扎而减弱。渗透调节物质脯氨酸含量处理间各生育时期均趋于一致，仅在枞行期以播前除旧膜覆新膜（T4）、收获后整地覆新膜翌年播种（T5）和旧膜覆秸秆播种（T3）较高。可见，旧膜再次利用后，具有相应的延缓衰老、增进渗透调节及提高抗氧化能力的作用，但又因利用时间长短、旧膜与土层及秸秆相互作用和生育时期等而有所差异。

9.2.3 种植密度对一膜两年用胡麻田土壤水分与植株生长特性的影响

（1）密度对一膜两年用胡麻土壤不同土层含水量及 0~100 cm 耕层土壤贮水量的影响主要集中在胡麻由营养生长阶段进入生殖阶段前，土层含水量各生育时期基本都呈现出低密度优于高密度的态势，贮水量此态势主要体现在现蕾期。现蕾期，0~40 cm 土层含水量 300 万粒·hm^{-2}、450 万粒·hm^{-2}、600 万粒·hm^{-2} 间无显著差异，均显著高于 1 200 万粒·hm^{-2}，较其分别高出 19.78%、16.10% 和 10.94%。低密度条件下，以苗期及现蕾期中 0~60 cm 土层水分含量明显高于高密度处理，这时株均水分的获得不但保证了苗期植株快速生长，经历了前期水分的吸收利用损耗外，也为全株进入生殖生长及籽粒形成提供了必要保证。

（2）一膜两年用胡麻在播量 300 万~1 200 万粒·hm^{-2}、成株数

150万~415万株·hm⁻²条件下，稀播利用干物质积累、籽粒干重增加和产量获得。各生育时期总干物质积累量、成熟期籽粒干重、叶片干重及主茎+分枝+果壳干重均随密度增加而降低，处理间总干物质积累量差异自枞行期开始，花期至成熟期，低密度处理300万~750万粒·hm⁻²继续保持增长，900万~1 200万粒·hm⁻²增长趋势不明显。花前贮藏同化物转运量及其对籽粒的贡献率随密度增加而减小，差异变幅较大，为79.09~508.69 kg·hm⁻²；花后处理间变化趋势相反，差异变幅较小，为55.58~272.99 kg·hm⁻²，由全生育期总积累水平看，差异主要体现在花前积累量上，导致了最终产量形成以低密度为优。净同化率（NAR）亦与此趋势相似。密度对相对生长率的调控，处理间生育前期差异不明显，现蕾期及以后，才表现出随密度的上升而下降的趋势。

（3）种植密度对一膜两年用胡麻籽粒灌浆的影响。一膜两年用胡麻籽粒灌浆进程符合"慢—快—慢"的"S"形生长曲线，可以用Logistic方程很好地进行描述，其相关系数均在0.99以上。籽粒干质量积累过程可大致划分为3个阶段：渐增期、快增期、缓增期，分别为花后3~6 d、6~28 d或6~31 d、28~38 d或31~38 d。3个时期籽粒干质量积累分别可达到7.89%~15.79%、57.89%~65.79%、18.42%~26.32%。花后6~31 d对籽粒质量增加贡献最大。300万~750万粒·hm⁻²密度范围内处理间达到最大灌浆速率的时间差异较小；之后因单位面积上个体数量增加，群体竞争增强，随密度增加达到最大灌浆速率的时间明显增长，且最大灌浆速率减小，百粒重降低。灌浆期种植密度与产量构成相关的分茎数、分枝数、蒴果数呈负相关，与株高无明显相关关系。

9.2.4 地膜覆盖和施氮后旱地胡麻农田生态效应变化

（1）覆膜和施氮后旱地胡麻土壤水分及温度变化。覆膜显著的集雨保墒和提高土壤含水量的作用主要体现在生育前中期和浅层土壤，胡麻开花期之前和 40 cm 以上土层的含水量覆膜显著高于露地，保墒作用的空间范围深度可至 100 cm；普通地膜的作用效果显著高于可降解地膜，可降解地膜的保墒效果随其厚度的增加而增加，0.012 mm 降解膜（F_4）的作用显著大于 0.010 mm（F_2）和 0.008 mm（F_3）降解膜；普通地膜（F_1）和 0.012 mm 降解膜（F_4）的土壤含水量比不覆膜对照（F_0）上升 5.66%~27.95%。本研究试验年度生育后期较高的降雨量条件下，露地易使降雨下渗，不覆膜的土壤含水量显著高于其他处理。覆膜的增温效果随生育进程的推进而变化。覆膜显著增加了开花之前 0~15 cm 的土壤温度；生育后期由于群体的郁闭遮阴和生物降解膜的降解，保温效果逐渐减弱；成熟期又呈现出一定的增温作用。普通地膜的增温效果高于可降解地膜；3 种可降解膜中，0.010 mm 降解膜（F_2）的增温程度较高。

（2）覆膜和施氮对胡麻田养分及微生物的影响。常规地膜和生物降解膜均不影响胡麻营养生长阶段的土壤有机质含量，但显著增加了现蕾之后有机质的分解速率。和现蕾期相比，开花期 F_0 和 F_1 的有机质分别降低 17.69% 和 37.22%，成熟期分别降低 36.43 % 和 38.39%。施氮显著增加了各个生育时期的土壤有机质含量，有机无机氮肥配施的促进作用大于单施无机氮肥。不同覆膜类型均较不覆膜显著提高了胡麻生殖生长前中期的氮素累积量，氮肥的施用则显著促进了分茎期后氮素在植株体内的积累。全生育期株氮素的累积量覆膜较不覆膜增加了 43.28%~45.78%，施氮肥较不施氮肥增加了 41.02%~48.54%，80 kgN·hm^{-2} 化学氮肥+40 kgN·hm^{-2} 有机肥氮（N_2）较 120 kgN·hm^{-2} 化学氮肥（N_1）显著提高了 9.06%。生物降解膜对氮素积累的增加作用低于普通地膜。地膜覆盖与否不影响土壤铵态氮的含量；但单施无机氮肥及有机无机配施均显著提高了各生育时期的耕层铵态氮水平，增幅达 10.23%~26.32%。覆膜与否及覆膜材料不影响生育前期的土壤硝态氮含量，但开花期之后覆膜显著高于不覆膜。施氮肥显著提高了生育前中期的土壤硝态氮含量，N_1、N_2较N_0增加了 18.94% ~ 29.22%；但不影响开花之后的耕层硝态氮水平；仅出苗期 N_1 较 N_2 显著上升 6.57%。N_1、N_2 的氮肥偏生产力较 N_0 分别显著增加了 13.31%、17.02%；覆膜的 F_1、F_2、F_3、F_4 的氮肥农学利用效率分别较不覆膜的 F_0 显著增加了 15.00%、10.08%、13.54%、14.05%。

有机无机氮肥配施较单施无机肥显著提高了苗期耕层土壤中的细菌数量，N_2 较 N_1 显著上升 11.6%；但氮肥来源不影响真菌和放线菌的数量。覆膜显著提高了耕层的细菌、真菌和放线菌数量，开花期和成熟期，细菌数量增加 8.60% ~ 10.87%，真菌增加了 8.31% ~ 13.89%，放线菌数量 F_2 较 F_1 提高了 12.54%。

9.2.5 地膜覆盖和施氮对旱地胡麻植株生长特性的影响

常规地膜及降解膜覆盖处理均较未覆膜对照缩短了胡麻营养生长时间，但延长了其生殖生长时间。覆膜显著提高了出苗率，F_1、F_2、F_3、F_4 较 F_0 分别显著提高 23.65%、17.34%、18.23% 和 19.02%。不同类型地膜和施肥均较对照提高了各生育时期的茎粗，但覆膜材料间的影响差异较小。施肥与否及氮肥种类均不影响各个时期的叶面积；覆膜显著提高了叶片开始发生的出苗期和叶片趋于衰亡的成熟期的叶面积。

覆膜和施肥显著促进了胡麻生育前中期的干物质积累。地膜覆盖提高了现蕾之前植株的干物质积累量，F_1、F_2、F_3、F_4 较 F_0 分别提高了 21.54% ~ 28.21%、16.02% ~ 19.45%、15.28% ~ 18.51% 和 19.54% ~ 26.37%。氮肥施用显著促进了营养生长期和生殖生长前中期的干物质积累，营养生长阶段的促生作用 $N_1>N_2$，而花期相反。施肥增加了灌浆速率，平均灌浆速率 N_1、N_2 较 N_0 分别增加了 6.55%、

10.23%。地膜覆盖下施用氮肥的处理，有利于促进干物质向籽粒的转移。

9.2.6　地膜覆盖利用后旱地胡麻产量与水分利用效率的变化

（1）旧膜再利用后均有显著增产效应和降低耗水量的作用。其中，籽粒产量前茬收获后留旧膜，翌年春天揭旧膜免耕覆盖新膜方式最高，达1 509.52 kg·hm^{-2}，其次为前茬收获后揭旧膜，整地覆盖新膜翌年播种方式，为 1 370.77 kg·hm^{-2}，分别较露地对照显著增产143.26%、120.91%；收获后旧膜覆土及覆秸秆方式产量与旧膜直播间无明显差异，但亦分别较对照显著增产 86.69%、62.98% 和88.84%。水分利用效率与产量变化趋势基本一致，分别是对照的2.53 倍、2.29 倍、1.97 倍、1.85 倍和 1.64 倍。

（2）一膜两年用胡麻密度效应中，在本研究 300 万～1 200万粒·hm^{-2}的密度处理范围内，籽粒产量及水分利用效率均同密度处理呈负效应，随密度增加产量、水分利用效率逐步降低，300万粒·hm^{-2}下获得了最高产量1 837.95 kg·hm^{-2}，同步最高水分利用效率 11.71 kg·hm^{-2}·mm^{-1}，分别比处理最低产量和最低水分利用效率 1 200 万粒·hm^{-2}增加 27.47% 和 30.69%。说明，稀播利于一膜两年用胡麻高产。结合甘肃中东部年均降水条件，以及试验中胡麻灌浆期籽粒灌浆特性和该地区实践条件，300 万～450 万粒·hm^{-2}的种植密度适宜于该地区一膜两年用生产条件。

（3）常规地膜及不同类型降解膜覆盖及施用氮肥均显著提高了胡麻籽粒产量。普通地膜（F_1）、生物降解膜（F_2—厚度 0.008 mm）、生物降解膜（F_3—厚度 0.010 mm）和生物降解膜（F_4—厚度 0.012 mm）均较未覆膜对照（F_0）籽粒产量分别提高 23.11%、21.08%、19.53%、22.51%，可降解地膜 F_4 的增产效果与 F_1 无显著差异。80 kgN·hm^{-2}化学氮肥+40 kgN·hm^{-2}有机肥氮（N_2）、120 kgN·hm^{-2}化学氮肥（N_1）较不施氮对照（N_0）的籽粒产量显著增加 28.97% 和 25.24%，有机无机氮肥配施增产效果显著。覆膜不影响胡麻的单株蒴果数、单果籽粒数和千粒重，但显著提高了收获指数。施氮与否及氮肥种类不影响千粒重，但施肥显著提高了单株蒴果数和单果籽粒数。覆膜及氮肥均不影响胡麻的耗水量，但显著提高了水分利用效率（WUE）。N_1、N_2 的 WUE 较 N_0 分别显著增加 32.26%、38.96%，有机无机肥配施（N_2）显著促进了胡麻对土壤水分的有效吸收利用。覆膜时 F_1、F_2、F_3、F_4 的 WUE 较 F_0 分别提高 23.56%、23.74%、22.48%、21.76%，生物降解膜与普通地膜的水分利用效率无显著差异。

10 旱地胡麻全膜覆盖及一膜两年用栽培技术规程

旱地胡麻全膜覆盖及一膜两年用栽培技术是一种高效利用水资源的农业生产技术，本研究在 2010—2012 年，经过大田试验结合实验室分析测定，阐释了旱作农业区胡麻全膜覆盖及一膜两年用技术高产的农田生态效应及增产机理，并与国家胡麻产业技术体系定西试验站、兰州试验站等合作示范推广，增产效果显著。该技术能够提高胡麻的抗旱能力、增加经济效益，具有明显的保水、抗旱、增产效果。干旱缺水及年度间降水的不均衡一直是中国北方干旱半干旱地区胡麻增产的主要限制因子之一，针对干旱半干旱地区的自然环境和胡麻需求与产量间的矛盾，采用地膜覆盖栽培技术，能够充分利用水资源，为旱地胡麻生产提供了便利条件。为规范胡麻全膜覆盖及一膜两年用栽培技术，进而达到节本、增效、高产的要求，进一步促进甘肃省及周边相似生态类型区胡麻生产良性发展，为高产优质胡麻生产提供栽培依据。本章结合本项目研究结论，提出旱地胡麻全膜覆盖及一膜两年用栽培技术规程。

10.1 产地环境条件

10.1.1 地块要求

旱川、坝地块及梯田，坡降≤1‰；缓坡地，坡降≤5‰。

10.1.2 土壤肥力

选择地力基础较好、地面平整、土层深厚、肥力较高、保水保肥的地块。耕层 $0 \sim 20$ cm 土壤有机质 $\geqslant 10$ mg $\cdot$ kg^{-1}，碱解氮 $\geqslant 30$ mg $\cdot$ kg^{-1}，速效磷 $\geqslant 15$ mg $\cdot$ kg^{-1}，速效钾（K$_2$O）$\geqslant 100$ mg $\cdot$ kg^{-1}，pH 值为 $6.5 \sim 7.5$，土壤含盐量 $\leqslant 3$ mg $\cdot$ kg^{-1}。

10.1.3 气象条件

全生育期光照 $800 \sim 1\,200$ h。全生育期 $\geqslant 0$ ℃ 活动积温 $1\,600 \sim 2\,200$ ℃ $\cdot$ d。年均降水量 $250 \sim 450$ mm。

10.2 播前准备

10.2.1 选地与整地

选择土层深厚，土质疏松，肥力中上的旱川地或梯田地。前茬作物收后及时整地，要求达到地面平整，土壤细绵，无土块，无根茬。

10.2.2 基肥与追肥

基肥以尿素 90 kg $\cdot$ hm^{-2}、磷酸二氢铵 105 kg $\cdot$ hm^{-2}、硫酸钾 37.5 kg $\cdot$ hm^{-2} 为宜。播前以穴播机播施。追肥以尿素为主，在胡麻现蕾前后结合降雨撒施。

10.2.3 良种选择与处理

在干旱半干旱地区应以选用抗旱、抗寒，丰产、含油率高的油纤兼用型品种，如陇亚 8 号、陇亚 10 号、陇亚 11 号，定亚 22 号、定亚 23 号等。在二阴地以定亚 18 号、陇亚 9 号等丰产性突出，综合性状优良的油用型品种为主，兼用型品种为辅。种子质量符合 GB 4407.2 经济作物种子第二部分：油料类。精选种子，除去秕瘦和霉变籽粒，保证出苗全和出苗匀。

10.3 铺膜、一膜两年用及播种

10.3.1 地膜选择

选用厚度为 0.008 ~ 0.010 mm，宽 70 cm 或 120 cm 的高强度地膜，用量在 75 kg · hm^{-2}左右。

10.3.2 定墒铺膜

铺膜依据土壤墒情而定，当耕作层含水量在 130 ~ 150 g · kg^{-1}，墒情好时边铺膜边播种；耕作层含水量低于 130 g · kg^{-1}时，墒情差则要等雨抢墒提前铺膜提墒、保墒；如果土壤湿度过大，翻耕晾晒 1 ~ 2d，然后耙松平整土壤，再铺膜播种。

10.3.3 铺膜要求

铺膜时，膜面要求平整，使地膜紧贴地面，同时在膜上覆一层薄土，覆土厚度可视当地气象条件而定。如果播期干旱无雨覆土可厚些，覆土厚度以 1 cm 左右为宜，覆土过薄，压膜不实，容易造成穴孔错位，大风揭膜，地膜老化；覆土过厚，播种穴遇雨易板结，不易清除残膜。铺膜后要防止人畜践踏，以延长地膜使用寿命，提高保墒效果。

10.3.4　一膜两年用

前茬作物应选择稀植作物暨低密度作物为宜，玉米种植密度小，双垄技术沿沟点播，成熟后收获对地膜的破坏少；地膜小麦等密植作物在收获时易破损地膜。地膜玉米在干旱地区已形成规模，其栽培技术已成为干旱区成熟的抗旱技术措施，因此一膜两年用轮作方式以地膜玉米—胡麻为宜。

前茬作物收获后，留茬，及时将秸秆覆盖在地膜上，不要划破地膜，防止牲畜进入，以达到一膜两年使用。胡麻播前1周将秸秆外运，扫净残留茎叶，用土封好地膜破损处准备播种。其他栽培措施同新膜栽培。

10.3.5　播种

10.3.5.1　播种期

以3月中旬至下旬为宜，以土壤5 cm地温稳定超过7 ℃时为宜。

10.3.5.2　播种量

播量60~75 kg · hm^{-2}。

10.3.5.3　种植密度及规格

播种穴距10 cm，行距15 cm。按每667 m^{2}保苗30万株左右计算，下籽量8~9粒/穴。土壤墒情较好时，播深2~3 cm为宜，土壤墒情较差时播深不宜超过4 cm。

10.3.5.4　播种方式

人力穴播机播种，根据品种种植规格，调整好下籽口数量或选择好适宜穴播机。经常检查播种机，避免泥土堵塞下籽口而影响播种质量。

10.3.5.5 及时封口

穴播机点播后，以草木灰或腐熟农家肥在地膜上撒施 1~2 cm，及时封口、压实，防止通风。用草木灰或农家肥7 500 kg·hm^{-2}为宜。

地力瘠薄的地块，封口时可在草木灰或农家肥中掺施 150 kg·hm^{-2}普通过磷酸钙作为种肥。

10.4 田间管理

10.4.1 放苗

胡麻出苗后，及时观察压在地膜穴孔下幼苗，以铁丝钩掏苗放苗，保证苗齐、苗全。

10.4.2 追肥

枞形期结合自然降水追施尿素 150 kg·hm^{-2}，普钙 300 kg·hm^{-2}；开花期喷施 0.5%~1%的磷酸二氢钾。

10.4.3 杂草防除

10.4.3.1 人工除草

生育期内第一次在胡麻出苗 20 d 左右（2~3 片真叶）时用小铲除尽田间杂草，第二次在开花前拔除。其余生育时期不定期拔除田间杂草。

10.4.3.2 化学除草

覆膜前施用除草剂封闭除草。选择以防除阔叶杂草为主的除草剂。可用 30% 的莠去津悬液 4～5 kg·hm^{-2} 对水 400～500 kg；或用 38% 莠去津 3 kg 加乙草胺 2 kg 对水 400～600 kg 均匀喷洒在土壤表面。随后整地覆膜。

10.4.4 病虫害防治

胡麻主要病害是立枯病、炭疽病、白粉病，主要虫害是地老虎、蛴螬、蚜虫、漏油虫等。农药使用符合 GB/T 8321 农药合理使用准则（所有部分）。

10.4.4.1 立枯病

播种前用种子重 0.3% 的 50% 多菌灵拌种；及时拔除病株或喷洒 72% 杜邦克露可湿性粉剂 800～1 000 倍液、50% 立枯净可湿性粉剂 1 000 倍液，7～10 d 喷 1 次，防治 2～3 次。

10.4.4.2 炭疽病

选用 50% 多菌灵可湿性粉剂或 50% 苯菌灵可湿性粉剂、80% 炭疽福美可湿性粉剂，用药量为种子重量的 0.2%～0.3%，拌后播种，兼治多种根部病害。发病初期喷洒 60% 多·福可湿性粉剂 800～1 000 倍液或 36% 甲基硫菌灵悬浮剂 600 倍液，每隔 10 d 喷施 1 次，连续防治 2～3 次。

10.4.4.3 白粉病

在发病初期喷施 50% 甲基托布津可湿性粉剂 1 000 倍液或 50% 多菌灵 1 000 倍液，间隔 10 d 1 次，连续防治 2～3 次。

10.4.4.4 地老虎

在地老虎卵孵化盛期，可用高氯甲维盐、高效氯氟氰菊酯或溴氰菊酯喷湿根部，可有效杀死幼虫，喷雾防治 1～2 次。

10.4.4.5 蛴螬

50% 辛硫磷乳油拌种，用药量为种子量的 0.2%。也可用 50% 辛硫磷乳剂按 1.50~2.25 kg·hm^{-2}的量，对细土 300~375 kg·hm^{-2}，均匀撒施全田，随撒随耕，耙入土中。

10.4.4.6　蚜虫

选用兼具内吸、触杀、熏蒸作用的药剂，如 3%啶虫脒乳油 1 500~2 000 倍液、5%锐劲特悬浮剂 1 000 倍液、25%阿克泰水分散粒剂 2 500 倍液等进行防治。

10.4.4.7　漏油虫

5%西维因粉剂 37.5 kg·hm^{2}对细土 3 375 kg 混匀，于播前处理土壤。也可用辛硫磷毒土处理。现蕾开花期成虫羽化时喷洒 50% 辛硫磷乳油 1 000~1 500 倍液防治。

10.5　适时收获

7月下旬或 8 月上旬，胡麻全株 2/3 的蒴果变黄，下部叶片脱落，种子变硬时及时收获，晾晒、脱粒。籽粒含水量≤10%时，入库贮藏。留种田还应拔去不同品种的胡麻植株和劣株，保证种子质量。

10.6　产量指标及产品要求

10.6.1　产量

胡麻产量 1 200~1 500 kg·hm^{-2}。

10.6.2　产量构成

每 667 m² 成株数 20 万~25 万株，单株有效蒴果数 20~25 个，蒴果粒数 5~7 粒，千粒重 6.5~7.0 g。

10.6.3　产品要求

胡麻收获籽粒符合 GB/T 15681 亚麻籽的要求。

参 考 文 献

[1] 刘永忠，张克强，王根全，等．旱地农业覆盖栽培技术研究进展［J］．
中国农学通报，2005，21（5）：202-205.

[2] 邢胜利，魏延安，李思训．陕西省农作物地膜栽培发展现状与展望［J］．
干旱地区农业研究，2002，20（1）：10-13.

[3] 甘肃农村年鉴编委会．甘肃农村年鉴［R］．2007：216-237.

[4] 尚勋武，杨祁峰，刘广才．甘肃发展旱作农业的思路和技术体系［J］．
干旱地区农业研究，2007，25（增刊）：194-196.

[5] 王岩，纪雷，孙健，等．地膜稳定性研究进展［J］．工程塑料应用，
2005，33（2）：57-60.

[6] 杜晓明，徐刚，许端平，等．中国北方典型地区农用地膜污染现状调查
及其防治对策［J］．农业工程学报，2005，21（增刊）：225-227.

[7] 赵素荣，张书荣，徐霞等．农膜残留污染研究［M］．农业环境与发展，
1998（3）：7-10.

[8] 解红娥，李永山，杨淑巧，等．农田残膜对土壤环境及作物生长发育的
影响研究［J］．农业环境科学学报，2007，26（增刊）：153-156.

[9] 赵红萍．残膜对农田污染的调查及治理对策［J］．新疆农业科技，2009
（6）：57.

[10] 孙志洁．棉田残膜污染调查及其危害［J］．河南农业科学，2006（4）：
61-62.

[11] 李秋洪．论农田"白色污染"的防治技术［J］．农业环境与发展，1997
（2）：17-19.

[12] 史建国，刘景辉，闫雅非，等．旧膜再利用对土壤温度及向日葵生育进
程和产量的影响［J］．作物杂志，2012（1）：130-134.

[13] 刘耀武，仇化民，刘映宁．黄土高原旱作区晚播回茬麦一膜两用带田增

产效应分析 [J]. 陕西气象, 2000 (5): 14-17.

[14] 党占平. 渭北旱原"一膜两用"立体栽培模式及配套技术体系的研究 [J]. 陕西农业科学, 2006 (2): 14-16.

[15] 周志勇. 山旱地全膜春玉米冬小麦一膜两用栽培技术 [J]. 甘肃农业科技, 2008 (8): 40-41.

[16] 闫志利, 吴兵, 党占海, 等. 农田旧膜再利用方式对胡麻生理指标及产量的影响 [J]. 中国生态农业学报, 2012, 20 (2): 197-202.

[17] 薛少平, 朱琳, 姚万生, 等. 麦草覆盖与地膜覆盖对旱地可持续利用的影响 [J]. 农业工程学报, 2002, 18 (6): 71-73.

[18] 王红丽, 张绪成, 宋尚有, 等. 地全膜双垄沟播玉米的土壤水热效应及其对产量的影响 [J]. 应用生态学报, 2011 (10): 2 609-2 614.

[19] 王星, 吕家珑, 孙本华. 覆盖可降解地膜对玉米生长和土壤环境的影响 [J]. 农业环境科学学报, 2003, 22 (4): 397-401.

[20] 林萌萌, 孙涛, 尹继乾, 等. 不同生物降解地膜对花生光合特性和产量的影响 [J]. 中国农学报, 2015, 31 (27): 190-197.

[21] 刘延超, 史树森, 潘新龙, 等. 渗水降解地膜在大豆田间应用效果的综合分析 [J]. 大豆科学, 2018, 37 (2): 202-208.

[22] 严昌荣, 何文清, 薛颖昊, 等. 生物降解地膜应用与地膜残留污染防控 [J]. 生物工程学报, 2016, 32 (6): 748-760.

[23] 李文珍. 旱地胡麻配方施肥试验 [J]. 甘肃农业科技, 2011 (2): 39-40.

[24] 梁东升, 王毅荣. 甘肃胡麻产量对气候变化的区域响应 [J]. 中国农业气象, 2007, 28 (4): 409-411.

[25] 中国农业年鉴 (2006) [M]. 北京: 农业出版社, 2007.

[26] 赵利, 党占海, 李毅, 等. 亚麻籽的保健功能和开发利用 [J]. 中国油脂, 2006 (3): 71-74.

[27] Sakayori N, Kikkawa T, Tokuda H, et al. Maternal dietary imbalance between omega-6 and omega-3 polyunsaturated fatty acids impairs neocortical development via epoxy metabolites [J]. *Stem Cells*, 2016, 34 (2): 42-47.

［28］ Mohammadi A, Saeidi G, Arzani A. Genetic analysis of some agronomic traits in flax (*Linum usitatissimum* L.) [J]. *Australian Journal of Crop Science*, 2010, 4 (5): 65-78.

［29］ 张金. 胡麻籽的营养保健价值与产业前景 [J]. 中国食品工业, 2006 (3): 32-34.

［30］ 党占海, 张建平. 我国亚麻产业现状及发展对策 [M]. 北京: 中国农业科学技术出版社, 2004.

［31］ 谢军红, 李玲玲, 张仁陟, 等. 覆膜、沟垄作对旱作农田玉米产量和水分利用的叠加效应 [J]. 作物学报, 2018, 44 (2): 268-277.

［32］ 索全义, 郝虎林, 索凤兰, 等. 氮磷化肥对胡麻产量形成的影响 [J]. 内蒙古农业科技土壤肥料专辑, 2001 (S3): 18-19.

［33］ Yan X, & Gong W. The role of chemical and organic fertilizers on yield, yield variability and carbon sequestration: results of a 19-year experiment [J]. *Plant and Soil*, 2010, 331 (1-2): 471-480.

［34］ 王亚艺, 蔡晓剑, 李松龄. 有机肥与无机肥配施对作物产量和土壤养分含量的影响 [J]. 湖北农业科学, 2015 (8): 1 813-1 815.

［35］ 张佳喜, 谢建华, 薛党勤, 等. 国内外地膜应用及回收装备的发展现状 [J]. 农机化研究, 2013 (12): 237-240.

［36］ 李来祥, 刘广才, 杨祁峰, 等. 甘肃省旱地全膜双垄沟播技术研究与应用进展 [J]. 干旱地区农业研究, 2009, 27 (1): 114-118.

［37］ 中国地膜覆盖栽培研究会. 地膜覆盖栽培技术大全 [M]. 北京: 农业出版社, 1988.

［38］ 中国耕作制度研究会. 中国少耕免耕与覆盖技术研究 [M]. 北京: 北京科学技术出版社, 1991.

［39］ 陈奇恩. 中国塑料薄膜覆盖农业 [J]. 中国工程学报, 2002, 4 (4): 12-15.

［40］ 李毅, 邵明安, 王文焰, 等. 玉米田地温的时空变化特征及其预报 [J]. 水利学报, 2003 (1): 103-107.

［41］ 陈万金, 信廼诠. 中国北方旱地农业综合发展与对策 [M]. 北京: 中

国农业科技出版社，1994：56-62.

[42] Davies J W. Mulching effects on plant climate and yield [R]. WMO. T. N. , 1975，136.

[43] Counter J W，Oebker N F. Comparisions of paper and polyethy-lenemulching on yield of certain vegetable crops [J]. *Proc. Amer. Hort. sci.* , 1965，85：526-531.

[44] Reevess D W. The role of soil organic matter in maintaining soil quality in con-tinuous cropping systems [J]. *Soil and Tillage Res*，1997，43：131-167.

[45] Wset L T. Cropping system and consolidation effects on rill erosion in the Georgia Piedmont [J]. *Soil Sci Soc Am J*，1992，56（4）：1 238-1 243.

[46] 张正茂，王虎全. 渭北地膜覆盖小麦最佳种植模式及微生境效应研究 [J]. 干旱地区农业研究，2003，21（3）：55-60.

[47] 门旗，李毅，冯广平. 地膜覆盖对土壤棵间蒸发影响的研究 [J]. 灌溉排水学报，2003，22（4）：17-20.

[48] 贺志坚，卫正新，郭玉记，等. 梯田起垄覆膜微集流耕作措施土壤水分动态研究 [J]. 山西水土保持科技，2000，3（3）：12-15.

[49] 赵聚宝，钟兆站，薛军红，等. 旱地春玉米田微集水保墒技术研究 [J]. 农业工程学报，1996，12（6）：28-33.

[50] 王树森，邓根之. 地膜覆盖增温机制的研究 [J]. 中国农业科学，1991，24（3）：74-78.

[51] 杨天育，何继红. 谷子地膜覆盖栽培研究成效及应用前景 [J]. 杂粮作物，1999，19（4）：39-41.

[52] 薛亮. 中国节水农业理论与实践 [M]. 北京：中国农业出版社，2002.

[53] Chaudhary T N，Chopra U K. Effect of soil covers on growth and yield of irrigated wheat planted at two dated [J]. *Field Crop Res*，1983（6）：293-304.

[54] 王俊，李凤民，宋秋华，等. 地膜覆盖对土壤水温和春小麦产量形成的影响 [J]. 应用生态学报，2003，14（2）：205-210.

[55] 胡明芳，田长彦. 新疆棉田地膜覆盖耕层土壤温度效应研究 [J]. 中国生态农业学报，2003，11（3）：128-130.

[56] 吴兵，高玉红，赵利，等．旧膜再利用方式对旱地胡麻干物质生产及水
分利用效率的影响 [J]．中国生态农业学报，2012，20（11）：1 457-
1 463.

[57] 鲁向晖，隋艳艳，王飞，等．秸秆覆盖对旱地玉米休闲田土壤水分状况
影响研究 [J]．干旱区资源与环境，2008，22（3）：156-159.

[58] 赵聚宝，梅旭荣，薛军红，等．秸秆覆盖对旱地作物水分利用效率的影
响 [J]．中国农业科学，1996，29（2）59-66.

[59] 袁家富．麦田秸秆覆盖效应及增产作用 [J]．生态农业研究，1996，4
（3）：61-65.

[60] 周凌云，周刘宗，徐梦雄．农田秸秆覆盖节水效应研究 [J]．生态农业
研究，1996，4（3）：49-52.

[61] 李春勃，范丙全，孟春香，等．麦秸覆盖旱地棉田少耕培肥效果 [J]．
生态农业研究，1995，3（3）：52-55.

[62] 蔡太义，陈志超，黄会娟，等．不同秸秆覆模式下农田土壤水温效应研
究 [J]．农业环境科学学报，2013，32（7）：1 396-1 404.

[63] 党占平．旱地冬小麦不同覆盖模式土壤温度变化动态研究 [J]．中国农
学通报，2009，25（19）：319-322.

[64] 郑华斌，唐启源，陈立军，等．耕作方式与覆盖物对稻田玉米产量和土
壤温度的影响 [J]．农业现代化研究，2010，31（3）：338-342.

[65] 赵丽萍，刘庆福．垄上镇压玉米精密播种机保墒抗旱机理的研究 [J]．
吉林农业大学学报，2005，27（6）：698-700.

[66] 孙大鹏，崔增团，张志成，等．小麦全膜覆盖膜上覆土多茬栽培技术
[J]．中国农技推广，2009（9）：19-20.

[67] 侯慧芝，吕军峰，郭天文，等．全膜覆土栽培对作物的水温效应 [J]．
麦类作物学报，2012，32（6）：1 111-1 117.

[68] 刘洋，张玉烛，王学华，等．覆盖方式对旱作水稻干物质积累的影响
[J]．2010，24（1）：83-86.

[69] 薛琳，李勇，周毅，等．旱作条件下不同覆盖方式对水稻氮素和干物质
转移利用的影响 [J]．南京农业大学学报，2009，32（2）：70-75.

[70] 郭大勇，黄思光，王俊，等．半干旱地区地膜覆盖和施氮对春小麦生育进程和干物质积累的影响 [J]．西北农林科技大学学报（自然科学版），2003，31（2）：75-80.

[71] 董孔军，杨天育，何继红，等．西北旱作区不同地膜覆盖种植方式对谷子生长发育的影响 [J]．干旱地区农业研究，2013，31（1）：36-40.

[72] 陈乐梅，马林，刘建喜，等．免耕覆盖对春小麦灌浆期干物质积累特性及最终产量的影响 [J]．干旱地区农业研究，2006，24（6）：21-24.

[73] 潘正茂，杨瑞晗，李刚．地膜覆盖对花生生长发育的影响 [J]．农业科技通讯，2012（7）：85-86.

[74] 孟凡德，马林，石书兵，等．不同耕作条件下春小麦干物质积累动态及其相关性状的研究 [J]．麦类作物学报，2007，27（4）：693-698.

[75] 宋海星，李生秀．覆膜条件下冬小麦根系生理特性及其空间分布变化 [J]．干旱地区农业研究，2006，24（6）：1-6.

[76] 徐玉凤，王辉，苗瑞东，等．地膜穴播春小麦增产的生理生化机理初探 [J]．西北植物学报2001，21（1）：67-74.

[77] 杨俊峰，龚月桦，王俊儒，等．旱地覆膜对小麦干物质积累及转运特性的影响 [J]．麦类作物学报，2005，25（6）：96-99.

[78] 黄义德，张自立，魏凤珍，等．水稻覆膜旱作的生态生理效应 [J]．应用生态学报，1999，10（3）：305-308.

[79] 原红娟．地膜覆盖对棉花苗期至蕾期的生理特征影响研究 [J]．安徽农业科学，2008，36（7）：2 655-2 656.

[80] Fernandez J E, Moreno F, Murillo J M, et al. Evaluating the effectives of a hydrophobic polymer for conserving water and reducing weed infection in a sandy loam soil [J]. *Agricultural Water Management*, 2001, 51（1）：29-51.

[81] 吴盛黎，杨宏敏，顾明．地膜玉米高产群体生理指标的研究 [J]．耕作与栽培，1992（2）：21-23.

[82] 梁亚超，于桂霞，杨殿荣，等．玉米地膜覆盖高产理论的研究 [J]．耕作与栽培，1990（3）：35-37.

[83] 黄明镜，晋凡生，池宝亮，等．不同覆膜方式对冬小麦光合特性和增产潜力的影响 [J]．华北农学报，1998，13（2）：25-29．

[84] 赵海祯，梁哲军，齐宏立．旱地小麦覆盖栽培高产机理研究 [J]．干旱地区农业研究，2002，20（2）：1-4．

[85] 野宏巍．垄东旱作农业蓄水保墒综合技术 [J]．干旱地区农业研究，2001，19（3）：7-12．

[86] 蒋骏，王俊鹏，贾志宽．宁南旱地春小麦地膜覆盖栽培试验初报 [J]．干旱地区农业研究，1998，16（1）：41-44．

[87] 刘金海，党占平，曹卫贤，等．不同覆盖和播种方式对渭北旱地小麦产量及土壤水分的影响 [J]．麦类作物学报，2005，25（4）：91-94．

[88] 白丽婷，海江波，韩清芳，等．不同地膜覆盖对渭北旱塬冬小麦生长及水分利用效率的影响 [J]．干旱地区农业研究，2010，28（4）：135-193．

[89] 杨海迪，海江波，贾志宽，等．不同地膜周年覆盖对冬小麦土壤水分及利用效率的影响 [J]．干旱地区农业研究，2011，29（2）：27-34．

[90] 姚建民．渗水地膜研制及其应用 [J]．作物学报，2000，26（2）：185-189．

[91] 任书杰，李世清，王俊，等．半干旱农田生态系统覆膜进程和施肥对春小麦耗水量及水分利用效率的影响 [J]．西北农林科技大学学报（自然科学版），2003，31（4）：1-5．

[92] 党廷辉，郭栋，戚龙海．旱地地膜和秸秆双元覆盖栽培下小麦产量与水分效应 [J]．农业工程学报，2008，24（10）：20-24．

[93] 卜玉山，苗果园，邵海林，等．对地膜和秸秆覆盖玉米生长发育与产量的分析 [J]．作物学报，2006，32（7）：1 090-1 093．

[94] 刘冬青，辛淑荣，张世贵．不同覆盖方式对旱地棉田土壤环境及棉花产量的影响 [J]．干旱地区农业研究，2003，21（2）：18-21．

[95] 凌启鸿．水稻群体质量理论与实践 [M]．北京：中国农业出版社，1995．

[96] 冯浔，杨文华，徐红军．冬小麦主茎叶数变化及分蘖规律研究 [J]．新疆农业科学，1995（4）：143-146．

[97] 凌启鸿，张洪程，程庚令，等．小麦"小群体、壮个体、高积累"高产栽培途径的研究 [J]．江苏农学院学报，1983，4 (1)：1-10.

[98] 石玉华．不同栽培技术体系对冬小麦产量品质和光能水氮利用效率的影响 [D]．泰安：山东农业大学，2011.

[99] 郭文善，封超年，严六零，等．小麦开花后源库关系分析 [J]．作物学报，1995 (3)：334-340.

[100] 彭永欣．小麦高光效群体结构与控制程序 [J]．江苏农学院学报，1983 (4)：57-60.

[101] 丛新军，吴科，钱兆国，等．超高产条件下种植密度对泰山 21 号群体动态、干物质积累和产量的影响 [J]．山东农业科学，2004 (4)：16-18.

[102] 高聚林，刘克礼，张永平，等．不同农艺措施对春小麦群体干物质积累的影响 [J]．麦类作物学报，2003，23 (3)：79-84.

[103] 高翔，胡俊，王玉芬．种植密度对胡麻光合性能和氮素代谢的影响 [J]．2003，24 (4)：91-93.

[104] 董钻，沈秀英．作物栽培学总论 [M]．北京：中国农业出版社，2000.

[105] 魏成熙，赵品仁，孙贵恒．玉米覆盖栽培对土壤物理性质和玉米干物质积累与分配的影响 [J]．耕作与栽培，1998 (1)：32-34.

[106] 成升魁，张宪洲，许毓英，等．西藏玉米生物生产力及光能利用率特征 [J]．资源科学，2001，23 (5)：58-61.

[107] 车永和．玉米杂交种吉 19 在青海高原高产制种技术研究 [J]．干旱地区农业研究，2002，20 (4)：61-63.

[108] Yamada N, Ota Y, Nakamura H. Ecological effects of planting density on growth of rice plant [J]. *Crop Sci*, 1960：329-333.

[109] 徐春梅，王丹英，邵国胜，等．施氮量和栽插密度对超高产水稻中早 22 产量和品质的影响 [J]．中国水稻科学，2008，22 (5)：507-512.

[110] 温红霞，冯伟森，段国辉，等．不同播种密度对冬小麦灌浆特性及产量的影响 [J]．江西农业学报 2009，21 (12)：23-25.

[111] 王婷，柴守玺．不同播种密度对西北绿洲冬小麦灌浆特性的影响 [J].

甘肃农业大学学报，2008，43（5）：33-40.

[112] 周强，张跃非，李生荣，等．密度与施氮量对杂交小麦品种绵杂麦168籽粒灌浆特性的影响［J］．西南大学学报（自然科学版），2010，32（10）：1-5.

[113] 达龙珠．密度对高油玉米HE-2灌浆后期光合特性及产量的影响［J］．玉米科学，2011，19（5）：91-95.

[114] 张娟，王立功，刘爱民，等．种植密度对不同玉米品种产量和灌浆进程的影响［J］．作物杂志，2009（3）：40-43.

[115] 申丽霞，王璞，张软斌．施氮对不同种植密度下夏玉米产量及子粒灌浆的影响［J］．植物营养与肥料学报，2005，11（3）：314-319.

[116] 莫惠栋．种植密度和作物产量［J］．作物学报，1987（3）：147-157.

[117] 李世平，张哲夫，安利，等．冬小麦主要性状的密度效应分析［J］．山西农业科学，1999，27（3）：13-17.

[118] 于振文，岳寿松．不同密度对冬小麦开花后叶片衰老和粒重的影响［J］．作物学报，1995，21（4）：412-418.

[119] 乔玉辉，宇振荣．冬小麦干物质在各器官中的积累和分配规律研究［J］．应用生态学报，2002，13（5）：543-546.

[120] 王文颇，周印富，李彦生，等．不同密度小麦籽粒生长特性分析［J］．中国农学通报，2005，21（4）：172-175.

[121] 刘忠民，山仑，邓西平．施肥和密度对春小麦产量根系及水分利用的影响［J］．水土保持研究，1998，5（1）：71-75.

[122] 许育彬．作物水分利用效率研究进展［J］．陕西农业科学，1998（4）：13-17.

[123] 王勇，樊廷录，崔明九．旱塬地膜冬小麦增产机理研究初报［J］．西北农业学报，1998，7（4）：43-48.

[124] 邵立威，王艳哲，苗文芳，等．品种与密度对华北平原夏玉米产量及水分利用效率的影响［J］．华北农学报，2011，26（3）：182-188.

[125] 王坤，谢建华，曹晓冉，等．浅谈国内外地膜应用及残膜回收机的研究现状［J］．新疆农机化，2016（3）：22-25.

[126] 胡晓兰，梁国正．生物降解高分子材料研究进展［J］．化工新型材料，2002，30（3）：7.

[127] Brodhagen M, Peyron M, Miles C, et al. Biodegradable plastic agricultural mulches and key features of microbial degradation［J］. *Applied Microbiology and Biotechnology*，2015，99（3）：1 039-1 056.

[128] 王朝云，吕江南，易永健，等．环保型麻地膜的研究进展与展望［J］．中国麻业科学，2009（27）：380-384.

[129] 许香春，王朝云．国内外地膜覆盖栽培现状及展望［J］．中国麻业，2006，28（1）：6-11.

[130] 何文清，刘琪，李元桥，等．生物降解地膜新材料的发展及产业化前景［J］．生物产业技术，2017（2）：7-13.

[131] 曹燕荣，谷继成，王有年．不同覆盖材料对圆黄梨幼树土壤性状及树体生长的影响［J］．北京农学院报，2010，25（1）：5-8.

[132] 胡斌．黄土高原旱作农田地膜覆盖下土壤磷素转化、有机质矿化及土壤生态化学计量学特征［D］．兰州：兰州大学，2013.

[133] Du X, Bian X, Zhang W, et al. Effects of plastic-film mulching and nitrogen application on forage-oriented maize in the agriculture-animal husbandry ecotone in north China［J］. *Frontiers of Agriculture in China*，2008，2（3）：266-273.

[134] 郭图强．荒漠绿洲香梨园生草覆盖节水省肥效果研究［J］．中国农学通报，2005，21（2）：276-279.

[135] 刘苹，仲子文，王丽萍，等．可降解地膜覆盖对土壤养分和棉花产量的影响［J］．山东农业科学，2014，46（8）：81-83.

[136] 张景俊．不同可降解地膜的降解特性及其覆盖下的水—热—盐—氮变化特征研究［D］．呼和浩特：内蒙古农业大学，2017.

[137] 阎晓光，李洪，董红芬，等．可降解地膜覆盖对土壤水热及春玉米产量的影响［J］．中国农学通报，2018，34（33）：32-3.

[138] Saglam M, Bary A I, Miles C A, et al. Modeling the effect of biodegradable paper and plastic mulch on soil moisture dynamics［J］. *Agricultural Water*

Management，2017，19（3）：240-250.

[139] Xu S，Wu J，Huang X，et al. Effects of different plastic films mulching on soil temperature and moisture，the growth and yield of sugarcane［J］. *Agricultural Science & Technology*，2015，16（9）：2 073-2 077.

[140] 方丽娜，黄展，杜兆芳，等. 丝棉非织造布用于农用地膜的研究［J］. 产业用丝织品，2006（7）：27-31.

[141] 申丽霞，王璞，张丽丽. 可降解地膜对土壤、温度水分及玉米生长发育的影响［J］. 农业工程学报，2011，27（6）：25-30.

[142] 兰印超. 不同可降解地膜的田间应用效果研究［D］. 太原：太原理工大学，2013.

[143] 武宗信，解红娥，南殿杰. 光解地膜棉田效应研究［J］. 现代塑料加工应用，1994，6（3）：16-20.

[144] Isaac Muise，Michelle Adams，Ray Cote，et al. Attitudes to the recovery and recycling of agricultural plastics waste：A case study of Nova Scotia，Canada ［J］. *Resources，Conservation & Recycling*，2016，109.

[145] 孙涛. 有色和生物降解地膜覆盖对花生产量形成与土壤微环境的影响 ［D］. 泰安：山东农业大学，2015.

[146] 郭树凡，陈锡时，汪景宽. 覆膜土壤微生物区系的研究［J］. 土壤通报，1995（01）：36-39.

[147] Li F M，Song Q H，Jjemba P K，et al. Dynamics of soil microbial biomass C and soil fertility in cropland mulched with plastic film in a semiarid agroecosystem ［J］. *Soil Biology & Biochemistry*，2004，36（11）：1 893-1 902.

[148] 温晓霞，韩思明，赵风霞，等. 旱作小麦地膜覆盖生态效应研究［J］. 中国生态农业学报，2003，11（2）：93-95.

[149] 胡俊，高翔，郑红丽. 覆膜、灌水、氮肥交互作用效应对春玉米根部土壤微生物数量影响的研究［J］. 内蒙古农业大学学报（自然科学版），2000（S1）：120-125.

[150] 刘苗，孙建，李立军，等. 不同施肥措施对玉米根际土壤微生物数量

及养分含量的影响［J］. 土壤通报, 2011, 42 (4): 816-821.

[151] Guo P, Wang C, Jia Y, et al. Responses of soil microbial biomass and enzymatic activities to fertilizations of mixed inorganic and organic nitrogen at a subtropical forest in east China［J］. *Plant and Soil*, 2011, 338 (1-2): 355-366.

[152] 罗小敏, 王季春. 甘薯地膜覆盖高产高效栽培理论与技术［J］. 湖北农业科学, 2009, 48 (2): 294-297.

[153] 赵玺. 不同揭膜时间对夏玉米生长及产量的影响研究［D］. 杨凌: 西北农林科技大学, 2015.

[154] 谷晓博, 李援农, 杜娅丹, 等. 施肥深度对冬油菜产量、根系分布和养分吸收的影响［J］. 农业机械学报, 2006, 47 (6): 120-128, 206.

[155] 胡靖, 李斌, 张宏伟, 等. BDM 型淀粉基生物降解地膜的研制及应用［J］. 现代塑料加工应用, 1994, 62 (2): 1-5.

[156] 李新. 降解膜与滴灌技术对番茄水肥利用效率及其品质的影响［J］. 新疆农垦科技, 2006 (1): 20-22.

[157] 张冬梅, 池宝亮, 黄学芳, 等. 地膜覆盖导致旱地玉米减产的负面影响［J］. 农业工程学报, 2008, 24 (4): 99-102.

[158] 李世清, 李东方, 李凤民, 等. 半干旱农田生态系统地膜覆盖的土壤生态效应［J］. 西北农林科技大学学报: 自然科学版, 2003, 31 (5): 21-29.

[159] 南殿杰, 谢红娥, 李燕娥, 等. 覆盖光降解地膜对土壤污染及棉花生育影响的研究［J］. 棉花学报, 1994, 6 (2): 103-108.

[160] Liang B, Huang K, Fu Y, et al. Effect of combined application of organic fertilizer and chemical fertilizer in different ratios on growth, yield and quality of tobacco［J］. *Asian Agricultural Research*, 2017, 9 (12): 43-46, 51.

[161] 王秀康, 李占斌, 邢英英. 覆膜和施肥对玉米产量和土壤温度、硝态氮分布的影响［J］. 植物营养与肥料学报, 2015 (4): 884-897.

[162] 唐小明. 有机肥的保水培肥效果及对冬小麦产量的影响［J］. 水土保

持研究，2003（1）：130-132.

[163] Wu F, Dong M, Liu Y, et al. Effects of long–term fertilization on AM fungal community structure and glomalin–related soil protein in the loess plateau of China [J]. *Plant and Soil*, 2011, 342（1-2）：233-247.

[164] 孙文彦. 氮肥类型和用量对不同基因型小麦玉米产量及水氮利用的影响 [D]. 北京：中国农业科学院，2013.

[165] 巩子毓，高旭，黄炎，等. 连续施用生物有机肥提高设施黄瓜产量和品质的研究 [J]. 南京农业大学学报，2016，39（5）：777-783.

[166] 李苹，付弘婷，张发宝，等. 蚕沙有机肥对作物产量、品质及土壤性质的影响 [J]. 南方农业学报，2015，46（6）：1 995-1 999.

[167] 高小丽. 施肥对西北半干旱地区土壤养分、胡麻养分吸收及产量的影响 [D]. 兰州：甘肃农业大学. 2010.

[168] Huang J, Xie R, Zeng Y, et al. Effects of long–term fertilization on fertility of lateritic red loam paddy [J]. *Agricultural Science & Technology*, 2017, 18（8）：1 437-1 442.

[169] 陈玉华，张岁岐，田海燕，等. 地膜覆盖及施用有机肥对地温及冬小麦水分利用的影响 [J]. 水土保持通报，2010，30（3）：59-63.

[170] 汪航，周建光，等. 不同有机肥与化肥配合施用对水稻增产效果研究 [J]. 现代农业科技，2015.（11）：23-24，26.

[171] Zhang Q, Zhou W, Liang G, et al. Effects of different organic manures on the biochemical and microbial characteristics of albic paddy soil in a short–term experiment [J]. *PLoS One*, 2015, 10（4）：1-19.

[172] 张建军，樊廷录，王勇，等. 有机肥对陇东黄土旱塬冬小麦产量和土壤养分的调控效应 [J]. 西北植物学报，2009，29（8）：1 656-1 662.

[173] Liu Z, Meng Y, Cai M, et al. Coupled effects of mulching and nitrogen fertilization on crop yield, residual soil nitrate, and water use efficiency of summer maize in the Chinese loess plateau [J]. *Environmental Science and Pollution Research International*, 2017, 24（33）：25 849-25 860.

[174] 陈小莉，李世清，王瑞军，等.半干旱区施氮和灌溉条件下覆膜对春玉米产量及氮素平衡的影响 [J].植物营养与肥料学报，2007，13（4）：652-658.

[175] 葛均筑，徐莹，袁国印，等.覆膜对长江中游春玉米氮肥利用效率及土壤速效氮素的影响 [J].植物营养与肥料学报，2016（2）：296-306.

[176] 安婷婷，李双异，汪景宽，等.用^{13}C 脉冲标记方法研究施肥与地膜覆盖对玉米光合碳分配的影响 [J].土壤学报，2013，50（5）：948-955.

[177] 李双异.长期施肥与覆膜对棕壤微生物多样性的影响 [D].沈阳：沈阳农业大学，2015.

[178] Li J, Zhao B Q, Li X Y, et al. Effects of long-term combined application of organic and mineral fertilizers on microbial biomass, soil enzyme activities and soil fertility [J]. *Agricultural Sciences in China*, 2008, 7（3）：336-343.

[179] 蒋耿民，李援农，周乾.不同揭膜时期和施氮量对陕西关中地区夏玉米生理生长、产量及水分利用效率的影响 [J].植物营养与肥料学报，2013（5）：1 065-1 072.

[180] 李合生，孙群，赵世杰.植物生理生化实验原理和技术 [M].北京：高等教育出版社，2000.

[181] Giannopolitis C N, Ries S K.Superoxide dismutase Ⅱ.Purification and quantitative relationship with water soluble protein in seedlings [J]. *Plant Physiol*, 1997, 59：315-318.

[182] 杨文钰.农学概论 [M].北京：中国农业出版社，2008.

[183] 许光辉，郑洪元.土壤微生物分析方法手册 [M].北京：农业出版社，1986.

[184] 鲍士旦.土壤农化分析 [M].北京：中国农业出版社，2000.

[185] 廖允成，韩思明，温晓霞.黄土台塬旱地小麦土壤水分特征及水分利用效率研究 [J].中国生态农业学报，2002，10（3）：55-58.

[186] 姜东，谢祝捷，曹卫星，戴廷波，荆奇．花后干旱和渍水对冬小麦光合特性和物质运转的影响［J］．作物学报，2004，30（2）：175-182.

[187] 牛俊义，杨祁峰．作物栽培学研究方法［M］．甘肃民族出版社，1998.

[188] 乔玉辉，宇振荣，P. M. Driessen.冬小麦干物质在各器官中的累积和分配规律研究［J］．应用生态学报，2002，13（5）：543-546.

[189] 沈学善，朱云集，郭天财，李国强，屈会娟．施硫对豫麦50籽粒灌浆特性及产量的影响［J］．西北植物学报，2007，27（6）：1 265-1 269.

[190] 张振华，宋海星，刘强，等．油菜生育期氮素的吸收、分配及转运特性［J］．作物学报，2010，36（2）：321-326.

[191] 王小燕，于振文．不同施氮条件下灌溉量对小麦氮素吸收转运和分配的影响［J］．中国农业科学，2008，41（10）：3 015-3 024.

[192] 赵俊晔，于振文．高产条件下施氮量对冬小麦氮素吸收分配利用的影响［J］．作物学报，2006，32（4）：48-49.

[193] 彭少兵，黄见良，钟旭华．提高中国稻田氮肥利用率的研究策略［J］．中国农业科学，2002，35（9）：1 095-1 103.

[194] 吴凌波，高聚林，木兰，任有志．不同覆膜方式对玉米表层土壤含水量、产量和水分利用效率的影响［J］．内蒙古农业科技，2007（3）：18-20.

[195] 任军荣，杨建利，李殿荣．旱地油菜地膜覆盖栽培的水热效应研究［J］．中国油料作物学报，2001，23（3）：34-37.

[196] 彭文英．免耕措施对土壤水分及利用效率的影响［J］．土壤通报，2007，38（2）：379-383.

[197] 周凌云．封丘地区小麦耗水量与水分利用率研究［J］．应用生态学报，1995，6（增刊）：57-61.

[198] 张凤云，张恩和，景锐．西北地区保护性耕作技术与沙尘暴防治［J］．甘肃农业大学学报，2005，40（2）：245-249.

[199] 张保军，韩海，朱芬萌，等．地膜小麦土壤温度动态变化研究［J］．水土保持研究，2000，7（1）：59-62.

[200] 冷石林，韩仕峰．中国北方旱地作物节水增产理论与技术［M］．北

京：中国农业科技出版社，1996.

[201] 贺欢，田长彦，王林霞．不同覆盖方式对新疆棉田土壤温度和水分的影响 [J]．干旱区研究，2009，26（6）：826-830.

[202] 王顺霞，王占军，左忠，等．不同覆盖方式对旱地玉米田土壤环境及玉米产量的影响 [J]．干旱区资源与环境，2004，18（9）：134-137.

[203] 汪耀富，孙德梅，韩富根，等．密度和地膜覆盖对烟田冠层生理特性和土壤水分利用效率的影响 [J]．烟草科技，2003（12）：27-30.

[204] 陈光荣，高世铭，张国宏，等．种植方式与密度对旱作大豆产量和水分利用效率的影响 [J]．灌溉排水学报，2010，29（5）：39-41.

[205] 乔海军，黄高宝，冯福学，等．生物全降解地膜的降解过程及其对玉米生长的影响 [J]．甘肃农业大学学报，2008（5）：71-75.

[206] 傅兆麟，马宝珍，王光杰，等．小麦旗叶与穗粒重关系的研究 [J]．麦类作物学报，2001，21（1）：92-94.

[207] 蔡庆生，吴兆苏．小麦籽粒生长各阶段干物质积累量与粒重的关系 [J]．南京农业大学学报，1993，16（1）：27-32.

[208] Kumudini S, Hume D J, Chu G. Genetic improvement in short season soybeans: I. Dry matter accumulation, partitioning, and leaf area duration [J]. *Crop Science*, 2001, 41（3）：391-398.

[209] 齐延芳，许方佐，周柱华，等．种植密度对鲁原单 22 号光合作用的影响 [J]．核农学报，2004，18（1）：14-17.

[210] 陈艳秋，宋书宏，张立军，等．夏播菜用大豆生长动态及干物质积累分配的研究 [J]．大豆科学，2009，28（3）：468-471.

[211] 黄明，吴金芝，李友军，等．不同耕作方式对旱作冬小麦旗叶衰老和籽粒产量的影响 [J]．应用生态学报，2009，20（6）：1 355-1 361.

[212] Tokatlidis I S. A review of maize hybrids. dependence on high plant populations and its implications for crop yield stability [J]. *Field Crops Research*, 2004, 12：103-114.

[213] 屈会娟，李金才，沈学善，等．种植密度和播期对冬小麦品种兰考矮早八干物质和氮素积累与转运的影响 [J]．作物学报，2009，35（1）：

124-131.

[214] 张永祥, 杨祁峰, 牛俊义, 等. 密度对全膜双垄沟播不同品种玉米干物质积累及分配的影响 [J]. 干旱地区农业研究, 2010, 28 (5): 26-31.

[215] 潘廷慧, 张振福, 李殿一, 等. 亚麻干物质积累与氮磷钾吸收分配的研究 [J]. 中国麻作, 1996, 18 (1): 34-36.

[216] Gan Y T, Steobbe E H. Seedling vigor and grain yield of roblin wheat affected by seed size [J]. *Agron. J.*, 1996, 88: 456-460.

[217] 李小刚, 李凤民. 旱作地膜覆盖农田土壤有机碳平衡及氮循环特征 [J]. 中国农业科学, 2015, 48 (23): 4 630-4 638.

[218] 曹雪敏. 覆膜和施肥对坝地土壤养分及玉米增产效应的研究 [D]. 兰州: 甘肃农业大学, 2015.

[219] 吴秀宁, 赵永平, 王新军. 有机肥对夏玉米生长发育和土壤肥力的影响 [J]. 商洛学院学报, 2018, 32 (4): 59-62.

[220] Mahajan G, Sharda R, Kumar A, et al. Effect of plastic mulch on economizing irrigation water and weed control in baby corn sown by different methods [J]. African Journal of Agricultural Research, 2007, 2 (1): 19-26.

[221] 李尚中, 王勇, 樊廷录, 等. 旱地玉米不同覆膜方式的水温及增产效应 [J]. 中国农业科学, 2010, 43 (5): 922-931.

[222] Mamkagh A M A. Effect of tillage time and plastic mulch on growth and yield of okra (*Abelmoschus esculentus*) grown under rainfed conditions [J]. *International Journal of Agriculture & Biology*, 2009, 11: 453-457.

[223] Ndubuisi M C. Physical properties of an ultisol under plastic film and no-mulches and their effect on the yield of maize [J]. *Journal of American Science*, 2009, 5 (5): 25-30.

[224] El-Nemr M A. Effect of mulch types on soil environmental conditions and their effect on the growth and yield of cucumber plants [J]. *Journal of Applied Sciences Research*, 2006, 2 (2): 67-73.

[225] 任稳江. 一膜多用穴播胡麻节本增效技术 [J]. 现代农业科技, 2010 (12): 74, 85.

[226] 姚天明. 地膜覆盖栽培对胡麻衰老进程的影响 [J]. 现代农业科技, 2010 (14): 101-103.

[227] 裴雪霞, 王娇爱. 播期和种植密度对小麦籽粒灌浆特性的影响 [J]. 小麦研究, 2006, 27 (4): 1-6.

[228] 李世清, 邵明安, 李紫燕. 小麦籽粒灌浆特征及影响因素的研究进展 [J]. 西北植物学报, 2003, 23 (11): 2 031-2 039.

[229] 柯福来, 马兴林, 黄瑞冬, 等. 种植密度对先玉 335 群体子粒灌浆特征的影响 [J]. 玉米科学, 2011, 19 (2): 58-62.

[230] 朱庆森, 曹显祖. 水稻籽粒灌浆的生长分析 [J]. 作物学报, 1988, 6 (3): 182-192.

[231] 任红松, 王有武, 曹连莆, 等. 小麦籽粒灌浆特性及其灌浆参数与粒重关系的分析 [J]. 石河子大学学报 (自然科学版), 2004 (3): 188-193.

[232] 张文斌, 杨祁峰, 牛俊义, 等. 种植密度对全膜双垄沟播玉米籽粒灌浆及产量的影响 [J]. 甘肃农业大学学报, 2010, 45 (2): 74-78.

[233] 吴瑞香, 杨建春. 不同密度对晋亚 9 号旱作产量及其相关性状的影响 [J]. 山西农业科学, 2011, 39 (7): 664-666.

[234] 令鹏. 密度和氮磷施用量对旱地胡麻产量的影响 [J]. 甘肃农业科技, 2010 (9): 34-35.

[235] 李华, 王朝辉, 李生秀. 地表覆盖和施氮对冬小麦干物质和氮素积累与转移的影响 [J]. 植物营养与肥料学报, 2008 (6): 1 027-1 034.

[236] 朱琳, 李世清. 地表覆盖对玉米籽粒氮素积累和干物质转移 "源-库" 过程的影响 [J]. 中国农业科学, 2017, 50 (13): 2 528-2 537.

[237] 宁建凤, 邹献中, 杨少海, 等. 有机无机氮肥配施对土壤氮淋失及油麦菜生长的影响 [J]. 农业工程学报, 2007 (11): 95-100.

[238] 张福锁, 王激清, 张卫峰, 等. 中国主要粮食作物肥料利用率现状与提高途径 [J]. 土壤学报, 2008 (5): 915-924.

[239] 刘传和, 刘岩, 易干军, 等. 地膜覆盖对菠萝植株生长及土壤理化特性的影响 [J]. 土壤通报, 2010, 41 (5): 1 105-1 109.

[240]　蔡昆争，骆世明，方祥．水稻覆膜旱作对根叶性状、土壤养分和土壤微生物活性的影响 [J]．生态学报，2006 (6)：1 903-1 911.

[241]　郭小强，毛宁，张希彪，等．不同施肥处理对辣椒根际土壤微生物区系和酶活性的影响 [J]．作物杂志，2014，10：123-126.

[242]　杜社妮，梁银丽，徐福利，等．施肥对日光温室土壤微生物与酶活性变化的影响 [J]．中国生态农业报，2007，15 (4)：68-71.

[243]　高巍，张淑红，张恩平，等．不同培肥方式对菜田土壤微生物生态特征的影响 [J]．沈阳农业大学学报，2009，40 (2)：140-143.

[244]　罗安程，章永松，林咸永，等．有机肥对水稻根际土壤中微生物和酶活性的影响 [J]．植物营养与肥料学报，1999 (4)：321-327.

[245]　周兴祥，高焕文，刘晓峰．华北平原一年两熟保护性耕作体系试验研究 [J]．农业工程学报，2001，17 (6)：81-84.

[246]　Ghuman B S, Sur H S. Tillage and residue management effects on soil properties and yields of rainfed maize and wheat in a subhumid subtropical climate [J]. *Soil Till Res*, 2001, 58 (1/2)：1-10.

[247]　水建兵．一膜两用胡麻种植节本增效效果试验研究 [J]．农业科技与信息，2008 (7)：5-6.

[248]　曹秀霞，安维太，钱爱萍，等.密度和施肥量对旱地胡麻产量及农艺性状的影响 [J]．陕西农业科学，2012 (1)：87-89.

[249]　邹长明，徐正和，王平根.密度和播种方式对亚麻生长和产量的影响 [J]．安徽农业科学，2003，31 (5)：720-721.

[250]　李建奇．氮、磷营养对黄土高原旱地玉米产量、品质的影响机理研究 [J]．植物营养与肥料报，2008 (6)：1 042-1 047.

[251]　Wang X, Dai K, Wang Y, et al. Nutrient management adaptation for dryland maize yields and water use efficiency to long-term rainfall variability in China [J]. *Agricultural Water Management*, 2010, 97 (9)：1 344-1 350.

[252]　何晓雁，郝明德，李慧成，等．黄土高原旱地小麦施肥对产量及水肥利用效率的影响 [J]．植物营养与肥料学报，2010，16 (6)：1 333-1 340.